PHYSICAL ANTHROPOLOGY PHYSICAL ANTHROPOLOGY PHYSICAL ANTHROPOLOGY PHY
3STEPシリーズ
8
自然人類学
中村美知夫
森本直記
編
Series: 3STEP
-
Volume: 8
-
Physical Anthropology
-
-
Edited by:
NAKAMURA Michio
MORIMOTO Naoki
昭和堂

# はじめに

本書は，ヒトという生物を理解するための基礎を解説した教科書です。自分自身について考えるとき他者との比較が重要な意味をもつように，人類の理解にはその比較対象となる生物の理解も非常に重要です。また，生物の一種であるヒトを深く理解するうえで，過去から現在へと至る流れを捉える進化的視点は必要不可欠です。本書には，ヒト以外の霊長類や，化石人類に関する知見を豊富に盛り込みました。ヒトをヒトたらしめている多面性についても，幅広く解説するよう心がけました。基礎的な教科書ではありますが，内容については第一線で活躍する15名の研究者が最新の研究成果についても紹介する鮮度の高いものになっています。本書が，人類の進化をより身近に感じていただける機会となれば光栄です。

残念なことに，現在の日本で自然人類学（または生物人類学）の講義を提供している大学はそう多くはありません。しかし，今この本を手に取っている皆さんは，実際にそうした機会を得ているか，またはこの分野に興味を持って自ら学ぼうとしているかのどちらかでしょう。生物としてヒトを理解するという視点は，文系・理系にかかわらず多くの学生さんたちにとって有用なものだと私たちは思っています。是非，教養の一つとしてそうした視点を身につけて下さい。もちろん，この本をきっかけにして，こうした分野のことをより深く学びたいとか，実際にこうした研究をやってみたいとかいう学生さんが出てくれば，執筆者一同にとって望外の喜びです。

「巨人の肩に立つ」という言い方がありますが，本書に書かれた内容は多くの先人たちが積み重ねてきた研究成果の上に成立しています。全ての方々のお名前を挙げることはとてもできませんが，さまざまな形で私たちをここまで導いて下さった先人たちに深い尊敬と感謝の意を表します。また，それぞれの執筆者が，所属研究室や学会，野外調査などで日頃からお世話になっている方々にもこの場を借りて感謝申し上げます。

本書は昭和堂の松井久見子さんからお声がけをいただいて実現しました。松井さんには，企画段階から校正に至るまで全てのプロセスで大変お世話になりました。とくに，初学者にとって分かりにくい箇所などについて，多くの適切なご指摘やご助言をいただきました。厚く御礼申し上げます。

2025年1月

森本直記・中村美知夫

# 目　次

序章

# 自然人類学とはどのような学問か

中村美知夫・森本直記

自然人類学は，「人間とは何か」を問う学問である。

人間に関する学問は多々あるが，自然人類学はそうした学問とどう関連していて，どこがどう異なるのだろう。また自然人類学という学問はどのように成立してきたのだろうか。本章ではまずこの学問の研究史について概説する。

本書の中では人間のことを「ヒト」とカタカナで書いていることが多い。一方で「人類の系統」のように「人類」という語が用いられていることもある。このような，人間やその祖先たちに関するよく似た呼称は多々あり，初学者にとっては混乱のもととなるかもしれない。そこで本章では，こうした呼称のうち重要なものについてまとめた解説も行っている。「ヒト」と「人類」の違いがピンとこないような人は，この部分にあらかじめ目を通してから他の章を読み進めるとよいかもしれない。

本章の最後の部分では，本書の各章の内容についてごく簡単な紹介を行っている。いわば本書全体の見取り図である。それぞれの章は独立しているので，まずこの概説にざっくりと目を通し，興味のあるトピックを扱った章から読んでいくとよいだろう。

KEYWORDS #研究史 #人類学 #人間の呼称 #霊長類研究

# 1 人類学の中の自然人類学

・

### 人類学の射程

18世紀の哲学者イマニエル・カント（1724～1804年）は，哲学には四つの問題に対応する分野があるとした。その四つとは，「わたしは何を知ることができるか」「わたしは何をなすべきか」「わたしは何を望むことが許されるか」そして「人間とは何か」である。この最後の問題について研究する学が「人類学」である（カントの訳本の中では「人間学」と訳されることが多いが，元のドイツ語は「Anthropologie」であり，一般的には「人類学」と訳される）。

ただ，「人間とは何か」という問いは相当に範囲が広い。人間に関するという意味では，人文科学とも関連するわけだが，人文科学と人類学の違いを理解するには，それぞれの語源である「フマニタス」と「アントロポス」の区別が役に立つかもしれない。フランス哲学者の西谷修（1950年～）によれば，フマニタスはヨーロッパの人間，アントロポスはフマニタスによって発見された（多くの場合，ヨーロッパ外の）人間である。すなわち，フマニタスによるフマニタス自身とその文化についての知が人文科学（humanities）であり，フマニタスがアントロポスを自然誌的・博物学的な対象として研究するのが人類学（anthropology）であったということになる。当然ながら，現在では人文科学も人類学もヨーロッパ人によるものだけではなくなっているので，単純にこうした区別はつけられないが，「主体」としての人間を扱う人文科学と「対象」としての人間を扱う人類学といった大まかな区分けは可能かもしれない。

ややこしいことに，現在の人類学は，人文科学（いわゆる文系）の中に位置づけられる文化人類学（社会人類学，民俗学，民族学）と，自然科学（いわゆる理系）の中に位置づけられる自然人類学（形質人類学，生物人類学，進化人類学）とに大きく分けられる。前者は，人間の暮らしや文化などを扱い，後者は人間の生物学的形質とその機能などを調べるのが一般的だ。さらには，言語学や考古学が人類学に含まれることもあるし，また，さらには医学の中の解剖学や歯学なども人間の形質を扱うという意味で人類学と深い関わりをもつ。

・

## 自然人類学の歩み

ヒトを含む霊長類の進化を探求するという目的に向かって，自然人類学は必ずしもまっすぐ進んできたわけではない。ヒトと類人猿の類似性は早くも17世紀から認識されていたが，そこに時間的な変化や進化的類縁性という概念は含まれていなかった。現生人類の示す多様性について，ヨハン・F・ブルーメンバッハ（1752～1840年）の頭蓋骨の変異に関する研究に代表されるように，初期の自然人類学はもっぱら地域集団間の差を説明することを課題としていたが，人種差別に援用されてしまった（ブルーメンバッハ自身に差別的な意図はなかった）。石器は古くは石化した雷という意見すらあり，鉄器を知らない古い人類が作った道具であると認識するに至るまで時間がかかった。このようにさまざまな面で現代では回り道に見える過程をたどってきた。

人類化石についての解釈も多かれ少なかれ同様である。歴史上最初に発見された人類化石はネアンデルタール人のものだった。その頭蓋骨の特徴的な形態は，クル病，またはクル病による苦痛のためしかめっ面が固定されてしまったためであり，あくまで特異な現生人類の骨であるなどと論じられ，評価は定まらなかった。

興味深いことに，チャールズ・ダーウィン（1809～1882年）とアルフレッド・R・ウォレス（1823～1913年）による進化論の成立とネアンデルタール人の発見とは，時期が近い。1863年に命名されたネアンデルタール人の学名*Homo neanderthalensis*のタイプ標本となった化石は，1856年にドイツ・デュッセルドルフ近郊の（その名もネアンデル渓谷（タール）にある）石灰岩洞窟から発見された脳頭蓋の一部だった。実のところ，この「最初のネアンデルタール人」よりも先に収集されていた化石もある。1829年と1848年にベルギーとジブラルタルでそれぞれ発見されていた化石は，今ではネアンデルタール人であると判明している。ダーウィンは当時発見されていた人類化石に対しては慎重な立場を崩さなかった。ダーウィンの著書『種の起源』と『人間の由来』の出版はそれぞれ1859年と1871年であり，特に後者は「最初のネアンデルタール人」から比較的時間的余裕があったが，ほんの一言触れただけで特に考察を与えることはなかった。当時の考古遺物の信ぴょう性の低さを忌避したともいわれている。

もしかすると現代の自然人類学も，未来の基準からいえば回り道をしている最中かもしれない。とはいえ，ダーウィンの時代（日本でいえば，大政奉還が1867年であった）から150年以上経過した現代では，人類進化を研究するための材料や手法，そして対象とする現象は格段に増え，自然人類学は着実にその歩みを進めている。なお，自然人類学は英語のPhysical Anthropologyを訳したものだが，その守備範囲の広がり（や人種差別に関わった歴史に対する反省）から，特に欧米ではBiological Anthropology（生物人類学）に看板をつけかえようという傾向が強まっている。

・

### 人間・ヒト・人類

私たち自身の仲間を呼ぶ呼称にはさまざまなものがある。ここでは，そうした呼称について整理しておこう。

日常的には，「人間」とか「人」という呼称が用いられるが，生物学的な種（*Homo sapiens*）としては「ヒト」と片仮名で書くのが一般的である。「人間」と「ヒト」の二つは敢えて区別されることもある。たとえば生物学的存在以上の——文化によって形作られている——側面を強調する場合は「ヒト」ではなく「人間」が使われる。「ヒトはいつから人間になったか」といった表現（これは著名な古人類学者による著書の邦題である）も，このような用法の違いによって理解可能になる。文化人類学者や人文科学者は，多くの場合，生物としてのヒトにではなく，文化的な存在としての人間に興味があるため，後者の呼称を用いる。

化石人類や石器などを扱った著書の中では，ヒトのことを「サピエンス（またはホモ・サピエンス）」と書いていることもある。これは，おもにネアンデルタール人との対比のためである。ネアンデルタール人とサピエンスは，同時代に生息していたこともあるが，形態的・遺伝的には区別可能である。これらが同種なのか別種なのかという論争はいまだに続いている（同種ならばネアンデルタール人も種としてはサピエンスであることになる）。なお，本来は「サピエンス」のように属名なしで種小名だけを記載するのは誤りであるが，日本語では紙面が複雑になるのを避けるためにしばしば用いられている。

「人類」という語も状況によって多義的に用いられる。自然人類学では，チンパンジーやボノボの系統と分かれ，直立二足歩行を始めた後の系統を指すことが多い。だから「初期人類」といった場合，初期のヒトのことを指しているわけではない点には注意が必要である。この直立二足歩行獲得以降の人類については，分類学的には「ヒト族」もしくは「ホミニン」という呼称もある。人類の現生種はヒトだけであるため，「現生人類」（解剖学的現生人類）といえばヒトのことを指し，上記のサピエンスと同様，ネアンデルタール人など絶滅した人類との対比で用いられることが多い。

現生種としてのヒトは，チンパンジーやゴリラ，オランウータンなどの大型類人猿の系統樹の中にすっぽりと含まれるが，このまとまりを指す一般語は存在せず，「ヒト科」もしくは「ホミニッド」という分類学的な用語しかない。ただ，ややこしいことに，かつては大型類人猿をヒト科ではなくオランウータン科とし，ヒトのみをヒト科にする分類もあった（現在でもこの分類を採用する研究者はいる）。そうした分類を採用している場合，ホミニッドには大型類人猿を含まないので注意が必要である。

伝統的に日本では，人類進化の段階を，時代が古い方から「猿人」「原人」「旧人」「新人」という語で示すことが多い。「猿人」はアウストラロピテクス属など，ホモ属以前の人類と考えてよいだろう。近年の研究の進展により，アルディピテクス属のラミダス猿人など，より早期の人類を「猿人」に含むこともある。「原人」はホモ属の比較的古い人類で，代表的なのはホモ・エレクトス（エレクトゥスと表記されることもある）である（北京原人やジャワ原人などはいずれもこの種に含まれる）。「旧人」はネアンデルタール人を指すことが多いが，旧人＝ネアンデルタール人ではなく，ネアンデルタール人とサピエンスの共通祖先段階や，ネアンデルタール人と同時代のアジア等の他の人類も含む。「新人」はホモ・サピエンスのことを指す。より詳しくは，解剖学的な特徴が現生人類の変異幅で説明できる集団である。それぞれの境界は曖昧で，このようなある種簡便な分類が必ずしも正確なわけではないが，特に種名による混乱を避け，人類進化を概観するのに有効である。なお，「猿人」「原人」「旧人」「新人」が必ずしも順番に入れ替わって登場したわけではなく，併存期もあったことに注意が必要である。

## 2 なぜ霊長類の研究が必要か

### ヒトは霊長類の一種である

本書は，自然人類学の教科書であるが，ヒト以外の霊長類（以下，本書ではたんに「霊長類」とすることもある）に関する研究内容も多く紹介されている点が特色である。これはヒトが霊長類の一種であることに起因する。さらにヒトは，霊長類の中でも，同じヒト科の大型類人猿（チンパンジー2種，ゴリラ2種，オランウータン3種）と最も近縁である。

ある生物種の特性を調べる際に，近縁な他種との比較をすることは生物学においては普通のことである。古典的には，人間には他の動物とはまったく異なる特徴がたくさんあると考えられてきたが，それは実際に近縁他種と比較をしてみないと分からない。たとえば，かつて道具使用をするのはヒトのみであると考えられていたが，実際には，その後の研究から，他にも野生下で日常的に道具使用をする霊長類がいることが明らかになった。

狭義の自然人類学はおもに形態（たとえば歯や骨）および形態から直接的に推測できる機能（たとえば，四肢の形態から推測できる移動様式）を対象として研究をする。むろん，こうした形態についても現生霊長類との比較が有効であるし，歯や骨は化石として残りやすいため，すでに絶滅した種との比較もできるという利点がある。一方で，複雑な行動や社会などについては，現生他種との比較が欠かせない。たとえば，どのくらいの大きさの集団を作るのかとか，集団間を移籍するのが雄なのか雌なのかなどを知るためには，現生のさまざまな霊長類種を調べ，系統ごとに比較をすることが有効である。

このように，本書では最新の霊長類学の成果も組み込みながらさまざまな知見を紹介している。このため，各章ではしばしば霊長類の種名や，高次分類名（「○○類」「○○猿」などと書かれている場合もある）が出てくる。霊長類は現在400〜500種にも分類されているから，すべての種名を覚えようとするのは現実的ではない。ただ，各章に出てくる霊長類の名前がどのレベルの分類群を示しているのかを理解しておくことは重要であろう。

このため，本章の末尾に図0-1を用意した（霊長類の分類については第1章も参照)。本書を読み進める中で，「直鼻猿類」って何だっけとか，「オマキザル」って何の仲間だっけとか，分からなくなった場合は，随時この図を参照するとよいだろう。

・・

### 日本における霊長類学

霊長類の本格的な野外調査が始まったのは，世界的に見ても，おおむね第二次世界大戦の後くらいからである。日本では，敗戦から3年後の1948年に今西錦司（1902～1992年），川村俊蔵（1927～2003年），伊谷純一郎（1926～2001年）がニホンザルの調査を目的に宮崎県幸島（こうじま）を訪れたのがその始まりとされる。その後，日本各地でニホンザルの調査が行われ，その成果は広く一般社会にも知られることとなった。

霊長類を研究する機関としては，1956年に財団法人日本モンキーセンターが愛知県犬山市に設立され，1957年から霊長類学の学術誌である『Primates』を刊行したり，1958年からは大型類人猿の調査隊をアフリカへ派遣したりするなど，霊長類研究の中心的な役割を果たした。1962年には，京都大学理学部に自然人類学講座が設立され，今西が初代教授となる。しばらくの間は，ヒトを含む霊長類の形態を研究する学生と霊長類の社会や行動の研究をする学生とが共存していたが，1981年には自然人類学講座と分かれる形で人類進化論講座が新設され，社会や行動の研究はおもに後者で行われるようになる。

1976年に愛知県犬山市に設立された京都大学霊長類研究所では，形質人類学や霊長類行動生態学だけでなく，獣医学的研究や遺伝子研究，認知研究などを行う部門も作られ，野外研究から実験研究までを網羅する総合霊長類学が確立された。霊長類研究所は2022年に，ヒト行動進化研究センターおよびいくつかの既存の機関へと組織改編された。

京都大学以外でも，川村（後に霊長類研究所教授）が教員であった時代の大阪市立大学や，西田利貞（1941～2011年）（後に人類進化論教授）が教員であった時代の東京大学理学部，伊沢紘生（1939年～）が教授を務めた宮城教育大学などで，野生霊長類の研究が盛んに行われた。また，糸魚川直祐（1935年～）や中道正之（1955年～）などが教授を務めた大阪大学人間科学研究科では，1950年代から京都大学と並行する形で野猿公苑のニホンザル研究が行われ，現在でも継続されている。

日本霊長類学会が設立されたのは1985年と，その研究史と比べると比較的新しい。それまでは日本モンキーセンターが年1回開催するプリマーテス研究会が学会大会のような役割を果たしてきた。

## 3｜本書の構成

・・・

### 第I部　ヒトの進化史

第Ⅰ部ではまさしく，私たちがどこから来たのか（どのように進化してきたのか）を扱っている。ただし，それぞれの章で扱っている時間スケールは大きく異なる。

第1章は，地球上に生命が生まれてからの40億年という長大な時間を扱っている。私たちヒトは，脊椎動物の仲間であり，哺乳類の仲間であり，霊長類の仲間である。そうした分類群は進化のどの段階で誕生したのだろうか。本書の多くの章ではさまざまな現生霊長類との比較がなされているが，そもそも霊長類とはどういった分類群で，どんな特徴をもっているのだろうか。

第2章はおもに類人猿の誕生からの数千万年という時間スケールで，ホモ・サピエンス（ヒト）の出現までを扱っている。類人猿とは，霊長類の中でも私たちヒトに最も近い仲間である。現在は，オナガザル上科という別の系統の霊長類（いわゆる「サル」の仲間）が繁栄しているが，かつては類人猿が繁栄していた時代があった。そして，さまざまな人類が生きていた時代もあった。そうした中で，どのように私たちヒトが現れたのだろうか。

第3章はヒトの成立からだいぶ後の話で，日本人の起源を扱う。十数万年という時間スケールである。40億年とか数千万年といったスケールに比べればずいぶん最近の話なのだが，私たちが普段使っている西暦がまだわずか2000年ちょっとでしかないことを考えると，ずいぶん昔の話でもある。日本列島における旧石器時代，縄文時代，弥生時代の遺跡や人骨から，私たち日本人の起源はどのように推定されるのだろうか。

・・・

## 第Ⅱ部　食と人類進化

第Ⅱ部はおもに「食べる」ことに関わる内容を扱う。動物にとって何かを食べることは生きていくうえで不可欠である。食べるために私たちは進化の中で形作られた身体的特徴に依存している面もあれば，行動によって可塑的に対処している側面もあるだろう。

第4章は歯の話である。いうまでもなく，歯は動物が何かを食べる際に非常に重要な器官である。魚や爬虫類などと違って，さまざまな異なる形状の歯をもっているのが哺乳類の特徴なのだが，そうした中で私たち霊長類の歯はどのように位置づけられるのだろうか。歯は体の中で最も硬い組織であるため，化石として残りやすい。このため，現生の生き物だけでなく，たとえばすでに絶滅した化石人類の歯の特徴を調べることもできる。

第5章は，食べるための技術を扱う。現在の私たちは，食べる際にただ歯で食べ物にかぶりつく以上のことをやっている。分かりやすいのは道具の使用である。こうした採食技術はヒトだけのものなのだろうか。本章では，さまざまな霊長類における採食技術が紹介される。道具使用はヒト以外の霊長類でも知られているが，採食技術は道具使用だけに限られない。ヒトに特有な技術としては火の使用があげられる。

第6章は，私たちヒトが他の霊長類と一線を画す肉食の話である。一線を画すとはいえ，他の霊長類も動物の肉を食べないわけではない。では，どういう理由でヒトの肉食は人類進化の理論の中で重要だと考えられるのだろうか。ヒトに近縁なチンパンジーもしばしば狩猟して肉食をするが，チンパンジーの狩猟と肉食は私たちのそれとどう似ていて，どう異なるのだろうか。

・・・

## 第Ⅲ部　繁殖と社会

第Ⅲ部では，生物としては不可欠な繁殖（子孫を残すこと），発達（生まれてから死ぬまでの変化），そして社会（他個体とどう関わるのか）といった問題を扱う。これらはいずれも他の動物と共通の問題である一方で，私たちヒトに特殊な側面もある。

第7章は出産を扱う。ヒトの特徴である直立二足歩行と大きな脳が，私たちの出産に大きな変化をもたらした。難産になったのだ。二足で歩くためには，骨盤に制約がかかる（そして，産道はその中を通っている）。産道が狭くなった一方で，胎児の頭は大きくなった。狭い産道を大きな頭が通るという，このジレンマにヒトはいったいどのように対処しているのか。

第8章では生活史を取り上げる。生まれてから，離乳して，性成熟を迎え，繁殖をし，そしてどこかで死を迎える。そうした生き物としては当たり前の変化の中にも，私たちヒトに特有の事情がある。その一つは，ヒトは全般的な成長は遅いのに，離乳の時期が早いということだ。身体的に未熟な状態で離乳することができるのはどうしてか，そしてそれがもたらす影響とは何だろうか。

第9章では霊長類の社会について解説する。ヒトも含む多くの霊長類は集団を作って生活している。ただ，集団といってもそのサイズやメンバー構成などはさまざまである。さらには，その中での社会関係もまた多様である。霊長類に見られる集団形態やその内外での社会関係の知見から，私たちヒトの社会の特徴が見えてくるだろう。

第10章で扱う攻撃は，一見第9章で扱う社会性の裏返しであるようにも思える。ただ，実際には社会と攻撃とは切り離せない。他の動物の攻撃性と違って，ヒトの攻撃性は際立っているようにも思われる。日々日本のどこかでは殺人が生じているし，世界のどこかでは戦争で多くの人が犠牲になっているからだ。こうした，一見私たちヒトの暗い側面は人類進化の中でどのように位置づけられるのだろうか。

•••

### 第Ⅳ部　ヒトをヒトたらしめるものは何か

第Ⅳ部では，しばしばヒトのユニークな特徴として取り上げられてきたものを扱う。その中には，かなり明確にヒトとそれ以外の霊長類の間に質的な違いが見られるものもあれば，かつて考えられていたほど違いが明確ではないことが最近の研究で分かってきたものもある。

第11章で扱うのは直立二足歩行である。あるヒト科の化石が出てきた場合，人類の系統（ホミニン）であるか否かの重要な指標の一つが，直立二足歩行の証拠が見られるかどうかである。他の動物も二足で歩くことはあるが，ヒトの二足歩行はそれらと比べてどのような特徴をもつのか，なぜヒトの系統だけがそ

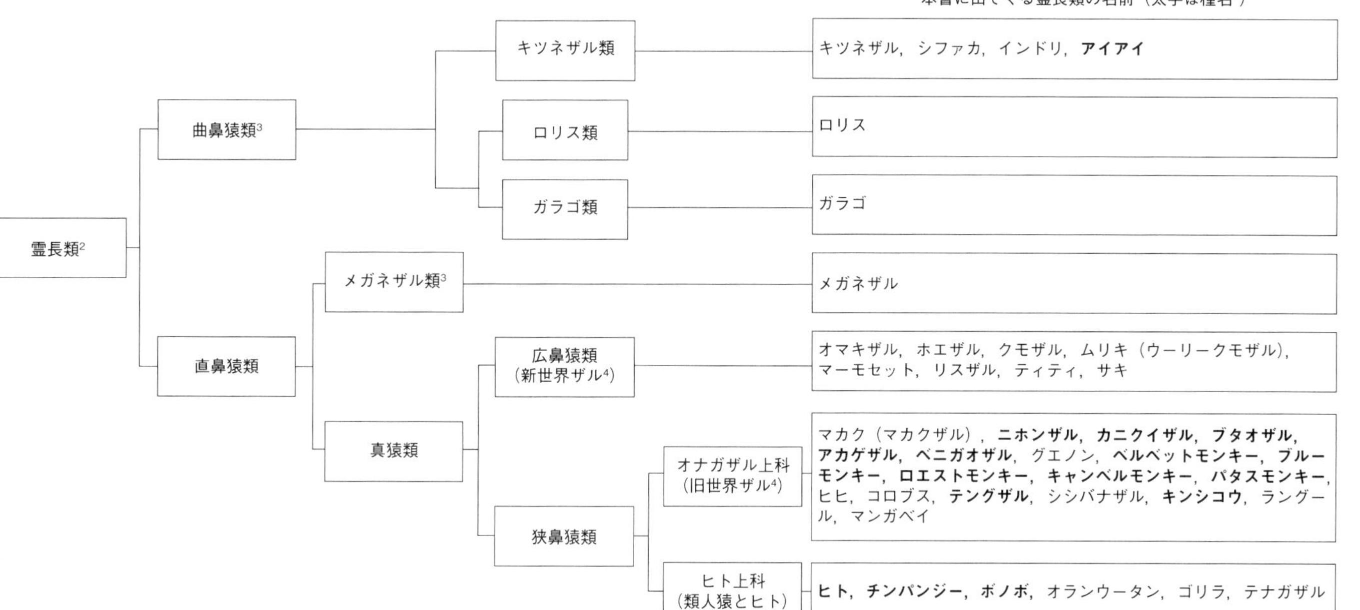


図0-1　現生霊長類の分類（本書に関連する部分のみ）

注1：太字でないものは，種よりも上位の分類に対応し，前に形容する語がついて種名を示すことが多い。たとえば，キツネザルにはワオキツネザルやエリマキキツネザルなどの種がいる（こうした場合，本図には「キツネザル」のみを掲載している）。かつて種名であったものの，最近の分類の細分化によって種名でなくなったものもある（たとえば，ゴリラは最近ニシゴリラとヒガシゴリラの2種に分けられることが多い）。特定のグループをどの上位分類で括るかは場合による。たとえば，マカクは属（種の一つ高次分類群）で，このリストではニホンザル，カニクイザル，ブタオザル，アカゲザル，ベニガオザルを含む。

2：霊長類全般を「サル」ということもあるが，本書ではこの使い方はしない。多くの場合，本図における新世界ザルと旧世界ザルを合わせたものをサルという（英語での monkey に相当する）。ちなみに，英語では類人猿は ape，キツネザルは lemur など，monkey とは区別されている。

3：本図での曲鼻猿類とメガネザル類を合わせたものを「原猿」という。かつては霊長類を大きく原猿類と真猿類に分けていたが，メガネザル類が系統的に真猿類に近いことが明らかになって，最近ではメガネザル類と真猿類を合わせて直鼻猿類と呼ぶようになった。真猿との対比が分かりやすいため，本書でも原猿という表記を用いている場合がある。

4：「新世界」とは南北アメリカ大陸のことで「旧世界」はアジアとアフリカのことだが，これらの呼称はヨーロッパから見た，植民地時代的なものであるということで，近年は使用しないことも多くなっている。ただし，これまでに頻繁に用いられてきた呼称であり，過去の文献における表記との整合性がつけやすいため，本書でも章によってこれらの表記を用いている場合がある。

のような移動様式を進化させたのか。

第12章のテーマは知性である。私たちは霊長類の中で最大の脳をもっている。脳が大型化したことは，間違いなくヒトの系統で進化した特徴であり，大きな脳は端的にいえば，高い知性と関わる。一方で大きな脳をもつことにはデメリットもある。ではいったいなぜ私たちヒトの系統は「賢くなる」という道を歩んだのだろう。私たちの知性を進化させた要因はいったい何だったのだろうか。

第13章では，私たちの種にユニークな特徴の一つである言語を扱う。ヒトであれば潜在的に誰でも言語を使えるようになるが，他の霊長類で狭い意味での言語能力をもつ種はいない。ただし，広い意味での言語能力の中には他の霊長類と共通している部分もある。言語の何がヒトにユニークで，どういった特徴が他の霊長類に由来しているのか。

第14章は文化の話である。「文化をもつこと」はかつて，ほぼ「人間であること」の定義であった。現在でも自然と文化を対比させ，動物を自然の側に置き，人間を文化の側に置くということはしばしばなされている。しかし，かつて考えられていた以上に多くの動物で文化と呼びうる現象が見られることが分かってきた。では，私たちの文化は他の動物とどのように似ていて，どのように違うのだろうか。

• • •

**さあ自然人類学の世界へ**

以上に概観したように，本書の各章で扱っているテーマは多岐にわたる。一方で，読み進めていく中で読者は，ある章の内容が他の章と密接に関わっているということにも気づくことだろう。それは，私たちヒトが多様な特徴から形作られているからであり，そうした諸特徴は実に複雑な形で絡み合っているからである。

ヒトであるあなたは，間違いなくヒトについて何らかの興味をもっているはずである。まずはそこからスタートしてほしい。自分が興味をもった章から読み始め，関連する他章へと進み，さらにはそれぞれのテーマについての理解を深めていくとよいだろう。

本書は入門書であるため，どのテーマも概論的な内容となっている。巻末に参考文献を掲載しているので，さらなる学習に役立てていただきたい。

第I部

# ヒトの進化史

第1章

# 自然におけるヒトの位置

## どこから来て，どこへ行くのか

國松　豊

現在の私たちヒトのような存在が進化するのは必然か偶然かといえば，これは偶然というしかない。機能する生体高分子が既知の化学反応だけで組み上がる確率を考えると，観測可能な宇宙の中では地球以外に生命を育む星が見つかる可能性はほぼゼロに等しいという厳しい見方もある。これが正しければ，そもそも地球に生命が誕生したことだけでも，まさに天文学的な当選確率の宝くじに当たったようなものである。地球に生命が誕生してから私たちホモ・サピエンスが出現するまでの約40億年間を見ても，地球の環境はさまざまに変化し，時には生物の活動自体が地球の環境を大きく変えることもあった。環境の変化により生物の多くが絶滅するような事態も何度も起きたが，逆にそれらの出来事が生物の進化に大きな影響を与えてきた。

本章では，まず私たちヒトという種が生まれる前提として，地球に生命が芽生えるための条件や生命誕生後の地球環境の変遷を見てみよう。そののち，私たちの動物，特に脊椎動物の中の哺乳類としての特徴を取り上げ，最後に，私たちが属する霊長類の特徴や分類，およびその進化史を概観する。

KEYWORDS　#生命誕生の条件　#地球環境と生物　#水中から陸上へ　#霊長類の進化

# 1｜地球の生命としてのヒト

・

### 地球にヒトが生まれる条件

現在，地球上に私たちヒトが存在するのは，過去の長い歴史の中でさまざまな要因がうまく積み重なった結果である。地球に生命が生まれ，現代の私たちに至るまで約40億年にわたって存続できたのは，水が液体として存在できる環境があったからである。これは地球が太陽から適度に離れた位置にあるおかげだ。同じような岩石惑星であるが地球よりも太陽に近い金星は厚い雲に閉ざされた灼熱の環境下にあり，反対に太陽から遠い火星は極寒の世界で，どちらにも地球のような海はない（宮本他 2008）。

銀河系レベルで見ても，銀河の中心部に近いところでは星の密度が高く，超新星爆発やガンマ線バーストが頻発し，銀河中心にある巨大ブラックホールの影響も受けやすい。反対に，銀河辺縁部では星の密度が低く，地球のような岩石惑星を形成するための材料が少ない。太陽系が銀河中心からほどよい距離（約2万7000光年）にあることが，現在，私たちが地球上に存在することを可能にした（グリビン 2018）。

太陽がほどよいサイズの平均的な恒星であることも幸いした。太陽程度の質量の恒星の寿命は100億年ほどと見積もられており，地球に生命が生まれてからヒトが進化してくるまでに十分な時間が確保された。

惑星サイズも重要で，地球は大気を重力で保持するに十分な大きさだった。また，地球に磁場が存在するおかげで，太陽風から地表が守られ，大気や水の宇宙への散逸が抑えられている。太陽風も，もっと大きなスケールで見ると太陽系外の宇宙線から地球を保護する役割を果たしている。

私たちが住む地球の中心部には鉄でできた核があり，そのまわりのマントルや地殻は珪酸塩鉱物を主体とする岩石から成る。私たちの体を構成する有機物は炭素を基盤に水素や酸素，窒素，硫黄などが結びついた化合物だ。骨の主成分はリンとカルシウムで，リンは生命活動に重要な核酸やアデノシン三リン酸の成分でもある。ほかにも，鉄やナトリウムをはじめとして，さまざまな物質が人体の機能を支えている。だが，138億年前の宇宙誕生の頃には，水素やヘリウム，リチウムなどのごく軽い元素しかなかった。他の元素は，その後，恒星の内部の核融合反応や超新星爆発などの過程で生成され，宇宙空間に放出されたものである。つまり，地球が形成されるには，まず先に他の恒星が生まれては死ぬという過程が必要だった。

・

## 地球環境の変遷

地球の環境は時代によって大きく変わってきた。私たちが当たり前に思っていることも，時代をさかのぼると，今とはずいぶんと異なっていた。たとえば，現在，私たちは1日24時間で暮らしているが，初期の地球はずっと速く自転しており，1日が数時間程度だった。46億年ほど前，形成されつつある原始地球にたまたま火星サイズの天体が衝突した結果，他の惑星と違って地球は月という巨大な衛星をもつことになった。その後，月の潮汐力が地球の自転を減速し続けたおかげで，現在の24時間周期にまで1日の長さが延びた。月の存在は地球の自転軸の変動を抑制し，地球環境を安定させてもいる。もし月がなかったら，地球は，昼夜が目まぐるしく入れ替わり，地表を強風が吹き荒れ，不安定な自転軸のために頻繁に壊滅的な環境変動に見舞われるような惑星になったかもしれない。それでも生命は誕生したかもしれないが，ヒトのような知的生命体まで進化できたかどうかは疑問である。

地球の大気も現在と過去とで大きく異なっている。地球誕生ののち，大量の隕石が地球に衝突し，水や二酸化炭素などの揮発性成分をもたらした。これがそのまま大気になれば，金星のようになっていたかもしれない。金星の大気は大部分が二酸化炭素で，地表は約90気圧，極度の温室効果により気温は460℃ほどにもなる（宮本他 2008）。金星よりも太陽から遠い地球では水が液体の状態で存在でき，海洋を形成したため，水に溶け込んだ二酸化炭素が炭酸塩となって固定された。生命が誕生してからは，有機物としても固定されるようになった。さらに地球ではプレートテクトニクスが始まったおかげで，炭酸塩や有機物が沈み込むプレートとともにマントル内部へ運び込まれるようになった。地球では二酸化炭素の大半が大気から除去されて極端な温暖化をまぬがれたため，生命が存続することができた（丸山他 2022）。

現在の大気は，窒素が78%，酸素が21%，アルゴンが0.9%，二酸化炭素が

0.04%ほど含まれている。私たちは呼吸により大気中の酸素を取り込んで生きている。ところが，地球の歴史の半ばまでは，大気中に酸素はほとんど存在しなかった。その頃の生物は，嫌気性の原核生物だったが，やがてラン藻など光合成を行って酸素を排出する原核生物が出現して大気の組成を変えていった。24億～21億年前に大気中の酸素濃度が急上昇し（大酸化イベント），いったんは現在の濃度程度になったようだが，最終的には現在の100分の1程度のレベルに落ち着いた。その後，8億～6億年前の原生代末期になって，再び酸素濃度が上昇し始め（原生代後期酸化イベント），ようやく現在のように大気や海洋に酸素が豊富に含まれる状態ができあがった（田近 2022）。

・

### 地球史とヒト

地球環境の変遷は生物の進化に大きな影響を及ぼしてきた。また生物自体が地球環境を変えてきた側面もある。私たちは酸欠状態になれば，すぐに意識を失い，命を落としかねない。これは私たちが真核生物であり，細胞レベルで酸素を利用して有機物を分解し，そこから得たエネルギーで生命を維持しているからである。私たちは酸素なしでは生きていけない。

しかし，上述のように地球史の前半においては，大気や海の中に酸素はほとんど含まれていなかった。当時，現生生物の三つのドメインである原核生物の真正細菌と古細菌，および真核生物のうち，真核生物はまだ存在していなかった。大酸化イベントの際，嫌気性の環境で進化してきた当時の生物の多くにとって，反応性が高い酸素は有毒ガスに等しかった。おそらく絶滅したものも多かっただろうが，逆に酸素を利用してより効率的にエネルギーを産生する能力を身につけたものも現れた。

好気性の真正細菌が進化すると，私たちの祖先となる古細菌の一種がこれを自分の細胞の中に取り込み，細胞内共生を始めることで酸素への耐性と好気性呼吸能力を手に入れて新しい環境に適応した。この共生は非常にうまくいき，共生した好気性細菌は私たちの細胞内小器官であるミトコンドリアになった。真核生物の誕生である。

大酸化イベントののち，18億～8億年前の期間は「退屈な10億年」とも呼ばれ，生物進化にもあまり目立った出来事がなかったが，原生代後期酸化イベン

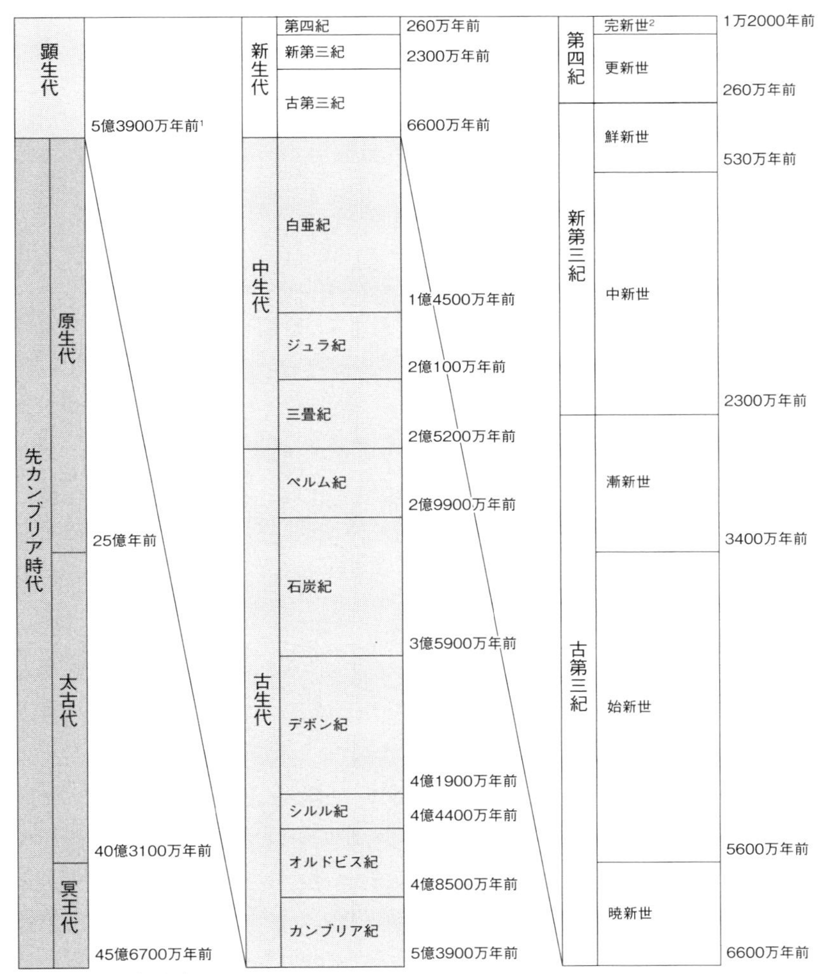


**図1-1　地質年代表**

注1：「～年前」は開始時期を表す。
　2：「世」はさらに前期・中期・後期などに細区分される。更新世は77万年前と13万年前で3区分される。

トで酸素濃度が再上昇すると，さまざまな系統で多細胞生物が増えていった。5億3900万年前に始まるカンブリア紀になると（図1-1），化石記録の中に現生動物の主要なグループ（「門」）がいっせいに現れる「カンブリア爆発」と呼ばれる事象が起きた。ヒトが属する脊椎動物の祖先も，この頃に出現した。

# 2｜動物としてのヒト

## 背骨をもつ動物

海綿や刺胞動物（クラゲやサンゴなど）をのぞき，ほとんどの動物は左右相称動物に含まれる。海綿や刺胞動物はあまり活発に動き回る生き物ではない。多くが固着性であるか，せいぜいクラゲのように水中を浮遊する程度である。左右相称動物では，体の構造に前後，背腹，左右の区別があり，一般に運動性が高くなっている。動き回る際には，外界の情報を早く察知できた方がよい。そのため，感覚器の多くが体の前端に集まり，得られた情報を処理するための神経中枢つまり脳がそれらの感覚器の近くにできてきた。

脊椎動物の体を見ると，背側に脊柱が頭尾方向に走って，体を支える柱になるとともに，脳から尾部方向へ走る脊髄を保護している。脊椎動物では内部骨格が発達した。骨格は体を動かす筋肉が付着する部位として機能し，水生動物であった脊椎動物の祖先は水中を活発に泳ぎ回れるようになった。速く泳げば，より多くの水がエラの間を通過し，より多くの酸素を吸収して代謝を高めることにもつながった。初期の脊椎動物には顎がなかったが，やがて前方のエラを支える骨格が変化して顎をもつ魚が現れた。

初期の魚類には，内部骨格とは別に，体表（特に頭部）を覆う皮骨も発達した。魚類の一部には軟骨性だった内部骨格が硬骨化するものも現れ，硬骨魚類が進化した。硬骨魚類は条鰭類（じょうきるい）と肉鰭類（にくきるい）に分かれ，後者が私たちの祖先になった。ちなみに，上記の部位による骨の由来の違いは，現在の私たちの体でも，軟骨性骨化と膜性骨化という骨の発生様式の違いに反映されている。

## 陸に上がった祖先

大気中に酸素が含まれるようになると，紫外線により酸素からオゾンが作られ，上空にオゾン層が形成された。これにより，太陽から降りそそぐ有害な紫外線から地表が守られるようになり，生物が水中から陸上に進出しやすくなった。まずは植物や節足動物などの無脊椎動物が先駆けとなった。

デボン紀後期（3億8300万～3億5900万年前）に，肉鰭類の一部が陸に上がり始めたが，彼らはそれまで暮らしていた水中とは大きく異なる環境に適応しなければならなかった。空気中ではエラ呼吸はうまく機能しなかった。ただ，さいわいなことに，硬骨魚類の祖先の段階で，すでに原始的な肺が進化していた。私たちの祖先は，この肺を活用して陸上の生活に適応した。

陸上では重力に抗して体を持ち上げて移動しなければならなかったが，都合のいいことに肉鰭類のひれはすでに内部に骨と筋肉を備えていた。陸上に進出する過程で胸びれと腹びれが前肢と後肢になり，先端は指をもつ手と足に変わった。四足動物の誕生である。最初期の両生類には指の数が7本や8本のものもいたが，結局，現生四足動物の共通祖先では手足ともに指の数は5本が基本型となった。指の数の点では私たちヒトは原始的な特徴を残している。

陸に上がったといっても，両生類は，まだ水中生活をひきずっている。産卵の際や幼生の時期には水中に戻らないといけない。成体も皮膚呼吸に依存する割合が大きく，皮膚が乾かないよう，ふつうは水辺からあまり離れられない。

両生類よりもさらに陸上生活に適応したのが有羊膜類（爬虫類，鳥類，哺乳類）である。水辺を離れた陸上では乾燥が大きな問題となるが，有羊膜類では皮膚の表面に角質が発達して体内の水分の損失を抑えるようになった。生殖に関して，有羊膜類は卵の中に水中の環境を閉じ込めて陸上に持ち出すことで陸上での繁殖を可能にした。有羊膜類の卵の中で，胚は羊水という液体で満たされた羊膜の中で発生する。ある意味，私たちはいまだに水の中で発生しているのである。ほかにも，胚のための栄養を貯蔵する卵黄嚢や，代謝による老廃物を保管するための尿膜があり，これらが漿膜（しょうまく）によって取り囲まれる。爬虫類や鳥類では一番外側に卵殻が形成されて卵を保護している。また，このような構造の卵が完成する前に受精しないとならないため，交尾をして雄が雌の体内に精子を送り込む体内受精が進化した。

••

### 哺乳類としての特徴

哺乳類という名のとおり，母親が子に母乳を与えて育てることが，このグループ全体に共通する特徴である。いまだに卵を産むカモノハシのような単孔類でも，雌は腹部の乳腺から母乳を分泌して子どもに与える。有袋類になると胎生が進化したが，まだ雌の胎内で胎児に栄養や酸素を供給するための胎盤の発達が不十分で，子どもはかなり未熟な状態で生まれてくる。私たちが属する有胎盤類では胎盤がよく発達し，雌は胎児をより発達した段階まで胎内で育ててから出産することが可能になった。

恒温性もヒトが哺乳類の一員として受け継いだ特徴である。私たちの体温は外界の温度に関係なく，ほぼ一定に保たれている。変温性の動物では気温により活動性が左右されるが，恒温性であれば気温にかかわらず，すぐに動き出すことができる。このような性質は，獲物を捕える際にも，あるいは逆に捕食者から逃れる際にも有利に働くだろう。ただ，体温を一定に保つために，恒温性動物は変温性動物より多くのエネルギーを消費する。恒温性に進化するにあたって，哺乳類は多くの食料を定期的かつ効率的に摂取する必要に迫られた。

たとえば，食物から栄養を効率的に取り込むための適応として，哺乳類では異形歯性という特徴が進化した（第4章参照）。哺乳類では通常，歯の形態が切歯・犬歯・小臼歯・大臼歯の4種類に分化し，それぞれ異なる機能を担っている。これで，哺乳類は食物を口腔内で咀嚼して細かくしてから消化器に送り，栄養をより効率よく吸収することができる。また，哺乳類では二次口蓋が発達して鼻腔と口腔とを分けるようになり，口腔内で食物を咀嚼している間も，呼吸を続けてエネルギー産生に必要な酸素を取り込むことが可能になった。さらに，体熱の損失を抑えて消費エネルギーを節約するために，哺乳類では体毛が進化し，体を覆うようになった。

## 3｜霊長類としてのヒト

・・・

### 霊長類はどんな動物か

霊長類は，もともと熱帯雨林の樹上生活に適応して進化した哺乳類である。樹上で体を支えるため，霊長類では把握力のある手足が進化した。基本的には手足ともに5本指を保持し，親指が他の4本の指と向き合い（母指対向性），ものを握ることができる。関連して爪が平爪に変わり，滑り止めとして指紋や掌紋が発達している。

樹上生活では嗅覚より視覚が重要となる。移動の際，次の木や枝までの距離を正確に把握するため，両眼が前方を向き，立体視の能力が発達した。初期の霊長類は小型で昆虫食の割合が多かったと考えられるため，獲物を捕獲することも立体視の進化を促した要因の一つと考えられている。

霊長類では咀嚼時の側頭筋の動きの影響を抑えて視界を安定させるため，眼窩のまわりを骨が取り囲むようになった。最初は眼窩の側方がリング状の骨（眼窩輪）で囲まれるだけだったが，真猿類ではさらに眼窩の後ろに骨の板が延びて眼窩後壁を形成し，眼窩と側頭窩を明確に区分している。

脊椎動物では吸収波長域の異なる4種類の視物質を使って色を見分ける4色型色覚が基本だが，中生代のあいだ夜行性の生活を送っていた哺乳類では色覚が退化し，2色型色覚が一般的になった。霊長類の祖先も2色型色覚を受け継いだが，昼行性になった霊長類では色覚が改善された。多くの広鼻猿や一部のキツネザル類では個体により2色型と3色型色覚の変異がある多型色覚が見られ，広鼻猿のホエザルや狭鼻猿は恒常的な3色型色覚を獲得した（河村 2017）。

熱帯雨林の環境は比較的安定しており，霊長類はK戦略者的傾向を強めた（第8章参照）。子どもの数は少ない代わりに，子ども1頭あたりの親の投資を増やしたのだ。霊長類では一産一仔のものが多く，成長に時間がかかり，寿命も同程度のサイズの他の哺乳類に比べて長い傾向がある。

夜行性の小型霊長類には単独性のものもいるが，多くの霊長類は群れで暮らしている。おそらく群れ内の社会的相互交渉に関する複雑な情報を処理する必要があるために，霊長類では体サイズに比べて相対的に脳が大きい。

• • •

## 霊長類の分類

現生霊長類の種数は，最近は細分化の傾向が強く，たとえば日本モンキーセンターが編纂した「霊長類和名リスト2024年7月版」では，ヒトも含めて524種があげられている。

現生の霊長類は大きく曲鼻猿類と直鼻猿類に分かれる（序章の図0-1を参照）。曲鼻猿類は，キツネザル類とロリス類，ガラゴ類を含み，他の一般的な哺乳類と同じように湿った粘膜で覆われた鼻先と湾曲した切れ込みの入った外鼻孔，正中部に上唇まで達する溝をもつ。一方，メガネザルと真猿類からなる直鼻猿類では，鼻先はふつうの皮膚で覆われ，外鼻孔は単純な円形で，曲鼻猿類に比べて派生的な形態に変わっている（岩本 1989）。

曲鼻猿類の中で，キツネザル類は現在，マダガスカル島にしか生息していないが，多様性に富むグループである。夜行性の種も昼行性の種も存在し，体重もピグミーネズミキツネザルのように30g程度の小型種から，シファカやインドリのように5〜7kgの中型種も含まれる。ここ2000年ほどの間に絶滅して亜化石として知られる絶滅種の中には，約200kgに達する超大型種（アーケオインドリ）もいた。ロリス類とガラゴ類はどちらも小型で夜行性の霊長類で，大きな種でも1kgを多少上回る程度である。ロリス類はアジアとアフリカの両地域に，ガラゴ類はアフリカにのみ生息する。ロリス類は力強い手足でしっかり枝を握り，非常にゆっくり移動する。尾は著しく退化している。一方，ガラゴ類は後肢がよく発達し，跳躍によって樹上を素早く動き回り，バランサーとなる太くて長い尾をもっている。

メガネザル類は，キツネザル類やロリス類，ガラゴ類とまとめて原猿類と呼ばれることもあるが，系統的には真猿類に近い。どの種も100g前後しかない小型の夜行性霊長類で，東南アジアの島嶼部に分布している。二次的に夜行性に戻ったと考えられ，体のわりに眼球が著しく大きい。樹上でよく跳躍し，長く伸びた足をもつ。

真猿類は，中南米に生息する広鼻猿（新世界ザル）とアフリカからアジアに分布する狭鼻猿とに分かれる。広鼻猿では，左右の鼻孔が広く離れており，横向きに開口している。一方，狭鼻猿では，左右の鼻孔は間隔が狭く，下向きに開口している。広鼻猿はサキ科，クモザル科，オマキザル科に分かれ，多様な種を含んでいる。体のサイズも体重100g程度のピグミーマーモセットから，約10kgのウーリークモザルまで，さまざまである。狭鼻猿にはオナガザル上科（旧世界ザル）とヒト上科（類人猿とヒト）が含まれる（序章の図0-1参照）。現生のオナガザル上科はオナガザル科のみで，オナガザル亜科とコロブス亜科に分かれる。どちらもアジアとアフリカ双方に分布し，二稜歯性の大臼歯（第4章参照）と尻だこをもつ。オナガザル亜科は比較的地上性の傾向を示すものも多く，採食した食物を一時的に貯め込む頬袋が発達している。コロブス亜科は樹上性で，葉食傾向の強いグループであり，鋭い稜線の発達した頬歯と，微生物の発酵によりセルロースを消化するための複雑な胃をもっている。ヒト上科はテナガザル科とヒト科に分かれ，直立二足歩行するヒトをのぞくと，現生ヒト上科は樹上性懸垂型運動に適応して脚よりも腕の方が長いのが特徴である。ヒト科は大型類人猿とヒトを含み，最初に分岐したオランウータンはオランウータン亜科，アフリカ大型類人猿とヒトはヒト亜科に分類される。

•••

## 霊長類の進化史

最古の「霊長類」の候補としては，新生代初頭に北米に生息していたプルガトリウスが知られている。樹上性の小型動物で，食性は昆虫を主食にしつつ，果実なども食べていたらしい。一般にはプレシアダピス類に分類されるが，標本が少なく系統関係はよく分からない。

プレシアダピス類は，暁新世（ぎょうしんせい）から始新世にかけて，北米，ヨーロッパ，アジアに生息していた霊長類に似た分類群である。多くのものは樹上性であったようだ。現生霊長類の特徴である眼窩輪がなく，基本的に鉤爪で，鼻面が長く，脳も比較的小さいなど，原始的な特徴を残す。また，大きくて突出した切歯など，かなり特殊化した点もあり，現生霊長類に近縁ではあるものの直接の祖先ではない可能性が高い（Fleagle 2013）。

始新世になると，北米，ヨーロッパ，アジアおよびアフリカに，真の霊長類（化石原猿類）が現れる。頭骨には眼窩輪が形成され，基本的に平爪で，鼻面が短くなり，脳もより大きくなっている。足の親指も母指対向性を示す。これらは大きくアダピス類とオモミス類に分けられ，アダピス類は現生曲鼻猿に近縁で，オモミス類は現生直鼻猿に近縁なグループだと考えられている。

中期始新世から前期漸新世にかけては，中国や東南アジア，南アジアから真猿類の基幹に近いと考えられるエオシミアス類や，系統関係には議論があるが初期真猿類のアンフィピテクス類が知られている。エオシミアス類では真猿類の特徴である眼窩後壁が確認されていないが，エジプトのファイユームの後期始新世～前期漸新世の地層からは眼窩後壁をもつ明確な真猿類が見つかっている。ファイユームの初期真猿類には，広鼻猿と狭鼻猿の分岐以前に位置すると考えられるパラピテクス類や，オナガザル上科とヒト上科の分岐以前の初期狭鼻猿とされるオリゴピテクス類やプロプリオピテクス類が含まれる。真猿類はアジアで起源してアフリカにも広がっていき，その後の狭鼻猿の初期進化はアフリカに舞台が移ったようだ。また，現生の広鼻猿の祖先はアフリカ大陸に生息していた初期真猿類で，洪水の際に押し倒された流木でできた浮島に取り残されて大西洋に流されたものが，運よく南米大陸に辿り着き，そこで適応放散したと考えられている。

後期漸新世（2500万年前）からはタンザニア南西部で原始的なオナガザル上科とヒト上科の化石が出土しており，ケニア北部からもほぼ同じ時代の原始的なヒト上科化石が発見されている。中新世の前半には，おもに東アフリカでヒト上科や，やや原始的な小型狭鼻猿が多様化するが，この頃，オナガザル上科は一部の産地をのぞき少数派である。前期中新世末にヒト上科はユーラシアへ進出し，一時はユーラシア南部の広大な地域にも分布を広げたものの，後期中新世半ば以降になると，アフリカでもユーラシアでもヒト上科の化石はほとんど消えてしまう。代わりに，現代型のオナガザル上科（コロブス亜科とオナガザル亜科）が化石記録の中で多様化し，各地へ広がっていった。そして，中新世末からアフリカの化石記録の中に人類が現れ始め，その数百万年後，今から30万〜20万年前にアフリカでホモ・サピエンスが誕生した（第2章参照）。

Case Study　ケーススタディ1

## バイオマスから見た現生人類と生物圏

国連の統計によれば，1950年の世界人口は25億人だったが，その後，人口は増え続け，2023年にはついに80億人を超えるに至った。ヒトのように比較的大型の哺乳類の個体数としては25億人でも驚異的な数字であるが，それがわずか数十年の間に3倍以上に膨れ上がったのである。しかも，現代文明のもとで，私たちの生活は，化石燃料をはじめとするエネルギーを大量に消費するタイプのものになっている。

1万年以上さかのぼって，全人類が狩猟採集民だった頃には，全世界の人口を合わせてもせいぜい数百万人程度だったと考えられ（大塚 2015），彼らは自然の恵みに依存するエネルギー消費の少ない生活を送っていた。それに比べると，現代の私たちは，個体数にせよ，各自が消費するエネルギー量にせよ，まさに桁外れである。その結果，現代では人類の営みが地球の環境や生物圏に大きな影響を与え始めている。

地球の生物圏のなかで，現代の人類がどのような地位を占めるのか，バル・オンら（Bar-On et al. 2018）の研究を参考にしてバイオマス（生物量）の観点から見てみよう。彼らは，現在の生物全体のバイオマスを炭素の量に換算して約550Gt（ギガトン）と見積もっている。そのうち8割強が植物（450Gt）で，1割強が真正細菌（70Gt）である。この両者だけで，すでに全体の約95％を占めていることになる。残りは多い順に菌類（12Gt），古細菌（7Gt），原生生物（4Gt）と続く。その次がようやく動物で2Gtほどである。最後のウイルス0.2Gtよりは多いのだが，生物全体の中で占める割合は200分の1にも満たない。ただ，動物はつまるところ直接・間接的に植物の生産する有機物に依存して生きており，食べる側（動物）が食べられる側（植物）よりも少なくなるのは当然だろう。

動物の中だけで見ると，節足動物（1Gt）と魚類（0.7Gt）が群を抜いて多い。ついで多いのは軟体動物（0.2Gt）と環形動物（0.2Gt），刺胞動物（0.1Gt）である。その次に来るのがヒトの0.06Gtで，ほかはすべて「門」や「綱」といった高次分類群全体の量なのに対して，ヒトは1種だけの量なので飛び抜けている。しかも，ヒトの管理下にある家畜のバイオマスが0.1Gtなので，両者を合わせると0.16Gtと，刺胞動物門全体より多くなってしまう。さらに，野生哺乳類の生物量の推定は0.007Gtしかないので，ヒトのバイオマスは1種だけで全野生哺乳類を合わせたものの約9倍，ヒトの管理下にある家畜のバイオマスは約14倍，両者を合わせると約23倍にも上る。野生の鳥類のバイオマスはわずか0.002Gtしかなく，ヒトの30分の1に過ぎない。

こうして見ると，動物の中で，特に野生の哺乳類や鳥類と比べて，現代のヒトおよびその管理下の家畜のバイオマスは途方もない量である。これだけ大きな存在を占めていれば，野生生物がどんどん絶滅していくのも不思議ではない。ただ，冒頭に書いたように，ヒトがこれほどまでに増加したのは，ごく最近の出来事である。この先，現在の状態が続くという保証はどこにもない。科学技術の大きなブレイクスルーでもなければ，地球の時間尺度にしたら一瞬で終わるうたかたの夢であるようにも思われる。

## Active Learning　アクティブラーニング1

**Q.1**

### 霊長類やその他の哺乳類の頭骨を観察してみよう

インターネット上で公開されている画像データベースを利用して，霊長類をはじめ，さまざまな哺乳類の頭骨の形態を見比べてみよう（「哺乳類頭蓋の画像データベース（第2版）」https://dept.dokkyomed.ac.jp/dep-m/macro/mammal/jp/mammal.html）。

**Q.2**

### 動物園でヒトと他の動物を比べてみよう

身近な動物園に行って，できるだけいろいろな種類の動物を観察し，それぞれヒトと似ている点と違っている点を探してみよう。また，その動物がなぜそういう特徴をもっているのか考えてみよう。

**Q.3**

### 「大量絶滅事変」について調べてみよう

古生物学で一般に「ビッグ・ファイブ」と呼ばれる5回の大量絶滅事変がある。それぞれ，どんな出来事だったのか調べ，もしその大量絶滅が起きなかったら，その後の生物の進化にどんな影響があったか考えてみよう。

**Q.4**

### 地球や太陽系，宇宙の未来について調べてみよう

このテーマに関しては一般向けの書籍が多数出版されている。それらを参考に，数十億年後の地球や太陽系の終末，さらにははるか未来の宇宙の終末までに何が起きると考えられているかを調べ，人類の行く末を考えてみよう。

第2章

# 類人猿と人類の進化

## 彼らと私たちの歴史について分かっていること

中務真人

人間は他の生物と異なり，過去，現在，未来のつながりを認識することができる。程度の差はあれ，誰しも先祖のことは気になるだろう。自分自身が何者かを考えるとき，よほど強烈な自我をもった人物でないかぎり，自分の由来を意識せざるをえない。しかし，その場合でも，姓や出自で語れる時間の何十万倍をもさかのぼり，生物種としての人間（ヒト）の進化史にまで思いをはせることは稀だろう。ヒトの進化について書かれた多くの本は，人類誕生から話を進める。しかし，この章は，幼児の手の平に載るほどの大きさだった霊長類から解説を始める。人類誕生以降の時間は霊長類誕生以来経過した時間の10分の1足らずである。北方の大陸で繁栄した霊長類は絶滅した一方，アフリカで難を逃れた真猿類から類人猿が誕生し勢力を広げた。しかし，環境変化とオナガザルとの競争によって，彼らの子孫は広いアフリカに人類，チンパンジー属，ゴリラ属しか残らなかった。人類の中でも，さまざまな種が登場しては消えていった。この章はヒトの進化に関するあらすじを簡潔にまとめた。ただし，あらすじといえども研究者によって異なる見解があることには注意してほしい。いずれにしても，われわれの祖先がたどった道は，曲がりくねって上り下りの多い，時には途切れかけた道であったことには間違いない。

KEYWORDS #霊長類 #猿人 #ホモ属 #アフリカからの拡散

# 1｜化石研究の方法

・

## 地質時代と年代測定

歴史時代をさかのぼる時代を地質時代と呼ぶ。映画の題名にも使われたジュラ紀（ジュラシック）という用語は地質時代の年代区分である「紀」の一つで，より大きなくくりである「代」においては中生代に含まれる。現在は新生代である。理化学的方法によって地層の年代を測定できるようになったのは比較的最近のことで，それ以前は，古い地層の上に新しい地層が形成されるという基本原理に基づいて，地層の相対的な古さを決めていた。地層に含まれる化石を異なる時代間で比較すると，化石の種類が大きく変わる境界がある。たとえば，ある地層から上位の地層では恐竜の化石が見られなくなり，代わって哺乳類の化石が増える。後者の地層が形成された時代は新生代と名づけられ，その中は7つの「世」に区分された（第1章の図1-1参照）。

年代測定が実用化されると，生物進化にかかった時間の長さを知ることが可能になった。さまざまな年代測定法のうち，よく用いられる方法に放射性同位体を用いた放射年代測定がある。同位体とは，同じ元素に属する原子のうち質量が異なる原子同士を区別する名称である。たとえば，炭素（元素記号はC）には，質量12，13，14の同位体（$^{12}$C，$^{13}$C，$^{14}$C）がある。$^{14}$Cは放射性同位体である。放射性同位体は，時間とともに一定の割合で崩壊する。ある時点において存在した放射性同位体の量が半分に減るまでに経過する時間は，放射性同位体の種類ごとに一定である。この時間を半減期と呼ぶ。ある試料中に含まれる放射性同位体の残存量（あるいは崩壊によって生成された原子の量）に基づいて，その試料が生成してから半減期を何回経たかを調べ，経過時間を推定する。代表的な放射年代測定法にカリウム40（$^{40}$K）を用いたカリウム・アルゴン法（また，その改良版であるアルゴン・アルゴン法），$^{14}$Cを用いた炭素14法がある。$^{40}$Kの半減期は13億年と長い。古い試料の測定に適するが，近い過去の測定には使えない。一方，$^{14}$Cの半減期は5730年と短く，7万年前が測定の限界である（第3章参照）。

・

## テクトニクス・古環境・古生物地理

地球の表面（岩石圏）は，厚さ100kmほどある何枚もの岩盤（プレート）で構成され，それらは流動性のあるマントルの表面を漂っている。岩石圏の地形変化を一般にテクトニクスと呼ぶことから，この運動はプレートテクトニクスと呼ばれる。それはプレート境界での巨大地震を発生させるほか，大規模な造山運動や大陸移動の原動力となる。

大陸移動の例を説明しよう。中生代の初め，地球には一つの超大陸パンゲアが存在していた。哺乳類が誕生したのはこの時代である。ジュラ紀には，それが南と北の大陸に分裂した。続けて，南の大陸（ゴンドワナ）は六つの陸塊に分裂した。北の大陸（ローラシア）の分裂は遅れ，新生代に入り北アメリカとユーラシアに分裂した。アフリカ大陸はゴンドワナ由来だが，ユーラシアの近くに位置したため，時には（現在も）ユーラシアと陸続きとなった。

現在（完新世）は新生代の中でも寒い時代である。今の地球の平均気温は14℃だが，この倍であった時代もある。地球の寒暖を支配するのは太陽から受けるエネルギー照射量だが，大気中の温室効果ガス，大陸の形状，海流の様子，日照量の季節変動，氷雪が覆う面積など，複数の要因が関わり，気温は長期変化する。気温が低下すれば，水循環が低調になり，大局的には降水量が減少し，降水量の季節変化が大きくなる。その結果，植生が変化し，それは動物の生息範囲に影響を与える。さらに，高緯度の陸上に通年溶けない氷床が発達すると，海水面が低下する。その結果，障壁となっていた海域に陸の回廊が形成され（大陸の衝突も同様の働きをする），大陸間で哺乳類など陸上動物の移住が発生し，生態系に変化を与える。さまざまな生物が地質学的な時間尺度でどのように分布を変遷させてきたかを研究する分野を古生物地理学と呼ぶ。ある系統がいつどこで誕生し，どのように分布を広げ放散を起こしたかは，その進化にどのような要因が影響を与えたかを知る重要な手がかりとなる。

## 2｜中新世——類人猿の時代

### アフリカが霊長類進化の中心になるまで

遺伝学的研究では，霊長類の誕生は8000万年以前と推定されているが，現在知られている霊長類の化石記録は5500万年前が最古である。曲鼻猿類のアダピス類，直鼻猿類のオモミス類，真猿類，メガネザル類の4系統がほぼ同時に化石記録に現れているが，まず放散したのは最初の2系統（いずれも現存しない）で，ヨーロッパと北米を中心に分布した。初期霊長類には現生種には稀な極小種（100g未満）が多かったが，前方を向いた眼窩，手足の母指対向性（母指を用いて握りしめができる）など，現生霊長類と共通する特殊化した（派生的な）特徴をもっていた。これらは樹上で視覚に頼って小動物を捕食する行動から進化したと考えられている。群れは作らない単独行動性であった。

真猿類の放散は，4800万年前以降に低緯度アジアで始まり，4000万年前からはアフリカが真猿類進化の中心となり，多くの化石種が誕生した。その中には現存する狭鼻猿類と広鼻猿類の初期の仲間も含まれている。昼行性で色覚に依存した採食（果実食・葉食）を行い，群れを作って行動した。群れを作ったのは猛禽類などの昼行性捕食者を警戒したためである。体重が数kgもある種も登場した。体重には性差が見られる。雄の大きな体は，繁殖相手をめぐり周りの雄と争う際に有利だったからである。同じ理由で，威嚇と攻撃に用いる犬歯のサイズにも性差が発達した。狭鼻猿類を広鼻猿類から区別する特徴に犬歯小臼歯複合体の存在がある。これは上顎犬歯が歯列前方の下顎小臼歯とこすれあうことで磨かれ，その鋭さが維持される特徴である。

3400万年前から地球は急速に寒冷化し，ユーラシアの霊長類はメガネザル類と少数の遺残種を除いて絶滅した。現在アジアに生息する霊長類は，メガネザル類を除き，後の時代にアフリカから移住した系統である。アフリカはわれわれの祖先にとって避難所だった。なお，広鼻猿類はアフリカから南米まで大西洋を漂流した単一の祖先から進化した。

## 中新世類人猿の繁栄と衰退

およそ3000万年前，アフリカでヒト上科（類人猿）とオナガザル上科が誕生し，2600万年前に始まった温暖な気候に後押しされ，2000万年前までには初期狭鼻猿類系統にとって代わった。こんにち，アフリカの中新世類人猿は20属ほど知られている。類人猿の多くは初期狭鼻猿類よりも大型化し，雄の体重が70kg（雌ゴリラ並）を超える種も現れた。低い捕食率に伴い，時間をかけて成長する特徴（遅い生活史）が進化した。体重，犬歯の性差は明瞭だった。現生類人猿は共通して，前肢に頼った懸垂運動に適応しているが，それに関連した骨格特徴は見られない。四足で枝の上を慎重に移動していたのだろう。

1600万年前に温暖期は終わり，その後は更新世末まで寒冷傾向が続いた。この頃，アフリカでは，歯に耐久性が求められる食物に依存する類人猿が増えた。また，アフリカからユーラシアへ類人猿の拡散が起きた。これ以降，アフリカでは類人猿の化石記録が激減するが，1000万年前のナカリピテクス，800万年前のチョローラピテクスが知られている。これらは現生アフリカ類人猿とヒト系統の誕生の付近に位置すると考えられている。

ユーラシアへ拡散した類人猿は繁栄し，十数属の化石類人猿を誕生させた。しかし，寒冷化による森林の減少の結果，ヨーロッパでは800万年前までに類人猿の多様性は著しく低下し，その後絶滅した。緯度が低いアジアでも同様だったが，オランウータンの祖先だけは残った。なお，テナガザルの進化に関わる化石記録はほとんど知られていない。

同じ頃にアフリカでも類人猿は衰退した。低緯度であるアフリカでは，森林の後退だけでなく，この時期に放散を始めたオナガザル科の台頭が類人猿に衰退をもたらした大きな原因だと考えられる。オナガザルの速い生活史は，一時的に減少した個体数を短期間で回復させるため，悪化しやすい環境においては遅い生活史をもつ類人猿よりも有利だったのだろう。オナガザルと競争する中，アフリカ類人猿とヒトの系統は，独特な特徴を進化させた。前者では，懸垂運動と地上でのナックル歩行（第11章参照），後者では地上二足歩行である。

# 3｜最初の人類から私たちまで

・・・

### 初期猿人

人類を進化段階で区分すると，最初の段階が猿人である。猿人には適応状態の異なる二つの段階が存在するが，本章では最初の段階の猿人を初期猿人と呼ぶ。これにはオロリン属，アルディピテクス属，サヘラントロプス属の3属4種が含まれ，チャドで発見されたサヘラントロプス以外は，東アフリカにある大地溝帯地域から知られている。

このうち，最も詳しく特徴が知られているのはアルディピテクス属のラミダス猿人である。女性の体格は雌チンパンジーをやや上回る程度で，骨格の大きさの性差は小さい。犬歯小臼歯複合体は類人猿より格段に退化し，犬歯サイズの性差も小さい。頭蓋容量はチンパンジーの平均を下回る。森林環境を利用し，多様な動植物資源を採食し，樹上と地上の両方で暮らした。地上では二足で立ち，類人猿よりも腰を伸ばし，体の横振れを抑える効率よい歩行をした。しかし，足には母指対向性を残し，アーチがなかったため，後の猿人より歩行効率が悪かっただろう。中新世類人猿に見られた体格と犬歯サイズについての顕著な性差が失われたことは，繁殖機会をめぐる雄間の競合と攻撃性の低下が起きたことを示唆する。複数の雌雄からなる群れを作ったが，群れの中で特定の雌雄同士が継続性のあるペアを作り繁殖したのだろう。

・・・

### 鮮・更新世に現れた猿人

420万年前までに，より特殊化した猿人であるアウストラロピテクス属が誕生した。初期猿人に比べると，アウストラロピテクス属には効率的二足歩行への適応，強力な咀嚼器官，厚いエナメル質をもつ臼歯が認められる。基本的に地上性であり，地上での遊動範囲も増加していただろう。現在知られている最古のアウストラロピテクス属は，東アフリカより知られるアナメンシス猿人で，これは数十万年のうちにアファレンシス猿人に進化した。この猿人は分布をチャドにまで広げた。ヒトに比べると，下肢は短かめだが，足にはアーチを備えていた。体格はラミダス猿人と大きな違いはない。アナメンシスはラミダス同様に$C_3$食性だったが，アファレンシスとその後の化石人類は，時代とともに$C_4$資源への依存度を増加させた（第3章ケーススタディ参照）。300万年前には，南部アフリカにもアウストラロピテクス属が現れた。このアフリカヌス猿人はアファレンシスに比べ，さらに臼歯による咀嚼力を発達させていた。

現在，330万年前の東アフリカの遺跡から最古の石器が知られている（第14章参照）。地面上の台石を用いて2kgを超える大きな原石を割って作った大型石器だが，この遺跡1ヶ所だけが群を抜いて古く，数十万年後にアフリカに広がった石器製作との関連は不明である。

更新世（260万～1万2000年前）は氷河期の時代ともいわれる。東アフリカは乾燥し広大なサバンナが形成された。それを契機に人類の進化は二つの方向に分かれた。一つは，咀嚼器官を著しく発達させた頑丈型猿人である。最古の頑丈型猿人は東アフリカに現れた。巨大化した臼歯，強力な咀嚼筋，頑丈な顔面骨構造を備えていた。その後，東と南アフリカそれぞれに，この傾向をさらに強化した頑丈型猿人が現れた。アウストラロピテクス属とは区別しパラントロプス属として分類する研究者が多い。著しく大型化した咀嚼器にもかかわらず，頑丈型猿人の体格はそれ以前の猿人とは異ならない。頑丈型猿人がどのような食資源を利用したかは明らかではないが，東と南アフリカの頑丈型猿人は異なった食物を利用したようである。頑丈型猿人は以下で述べるホモ属と多くの地域で共存していたが，100万年前頃に絶滅した。

•••

## 化石ホモ属の誕生

更新世人類のもう一つの進化方向は，脳の拡大（大脳化）と咀嚼器の縮小が認められるホモ属である。ホモ属は，東アフリカのガルヒ猿人（260万年前）から誕生したのかもしれない。最古のホモ属であるホモ・ハビリスは240万年前までに東アフリカに現れた。なお，ハビリスとされる化石群を2種に区別する意見もある。

260万年前，東アフリカにオルドワン石器が現れた。この石器は，片手で保持した原石（石核）を他方の手に持った石で打ち割って作る。最初は剥片を利用したが，200万年前からは，剥片を剥がした石核を二次加工した利用も始まった。石器は，肉食獣が食べ残した死骸の解体に用いられた。サバンナの拡大により草原性の動物の死骸に出会う機会が増えたことが，肉食を誘発したのだろう。

200万年前に，より小型の顎と臼歯，大きな脳，大型の体格，現代人的四肢プロポーションをもつホモ・エレクトス（原人）が現れた。咀嚼器官の小型化には，咀嚼前の食物加工行動が影響し，大脳化には，食料獲得行動の複雑化（集団化，協調性）と柔軟性が選択圧として作用したのだろう。

人類における大脳化は200万年前から顕著になった。認知能力の発達が選択され大脳化が始まったのだが，それ以前に起きなかった理由は二つ考えられる。それは，大きな頭部をもつ新生児がもたらす難産，脳が必要とする栄養の供給である。前者については第7章で説明している。脳が必要とする栄養は消化管のサイズを減らすことで埋め合わせ，それによる消化吸収能力の低下は高品質食物の利用（肉食）が補償した。ヒトには未熟な新生児を分娩する特徴が見られるが，そのため，生後の脳成長量が大きい。ヒトの成長期は，長いことに加え，最初の永久歯の萌出時期よりもずっと前に離乳する点が特異的である。離乳したものの永久歯が萌出していない成長段階を幼児期（childhood）と呼ぶ。幼児期は大人の助けを借りて栄養を得る。幼児期は授乳による排卵抑制を早期に終わらせ出産間隔を短縮する戦略として進化した。さらに，母乳でまかなえる栄養量の限界から，早期の離乳は大脳化の基盤となった。離乳時期の前倒しには閉経後の女性による娘の育児への協力が必要であった（祖母仮説）。現生霊長類において，永久歯の萌出時期と脳の大きさには強い相関がある。エレクトスの永久歯の萌出時期は4.5歳と推定され，アウストラロピテクス属とヒトの中間である。ヒトの成長については第8章で詳しく説明されている。

エレクトスは，170万年前までにアシューリアン石器を作り始めた。アシューリアン石器は大型の石核を幾何学的対称性のある形に加工した石器であり，大型動物の解体や木材加工に用いられた。オルドワン石器は，100万年前以降，アフリカでは作られなくなった。

アフリカで誕生したエレクトスは，200万年前からアフリカの外に広がり始めた。早期の拡散集団がユーラシアに定着できたのかどうかは明らかではないが，90万年前までにはユーラシア大陸の東西両端にまで定着した。広域分布の結果，前期から中期更新世にかけて，アフリカとアジア（インドネシア，中国）のエレクトスの集団間に異なった特徴が見られるようになった。そのためそれらを別種に扱う研究者もいる。アジアにはほかにも，地理的に隔離されたエレクトスから派生した多様なホモ属がいた。

• • •

## 古代型ホモ・サピエンス

60万年前，アフリカでホモ・エレクトスから古代型ホモ・サピエンス（旧人）が進化した。古代型サピエンスとエレクトスの違いは，いっそう進行した大脳化と咀嚼器官の小型化である。100万年前から，寒暖の入れ替わりが10万年周期に変わるとともに気温差の振れ幅が大きくなった。激しい環境変動が選択圧となり，可塑性の高い行動をとる能力が選択されたようである。50万年前より西ユーラシアでも，アフリカから移動してきた古代型サピエンスの化石記録が現れる。古代DNAの研究では，70万～50万年前にアフリカのホモ属系統（われわれはこれに含まれる）と西ユーラシアのホモ属系統（ネアンデルタール人など）の分岐が起きたと推定されている。なお，現在では古代型サピエンスとされる化石群をサピエンスとは別種に分類する意見が主流である。ただし，どのように分けるかなどで，複数の意見がある。

古代型サピエンスは，中・大型の哺乳類を対象とする狩猟技術をもっていた。危険を伴う狩猟において，言語コミュニケーションは欠かせなかっただろう。ゆっくりした成長は，学習期間としての適応的意味をもつようになり，言語とともに複雑な文化的行動の継承を助けただろう。火を管理した明らかな証拠は100万年前までさかのぼるが，古い証拠は多くない。しかし，古代型サピエンスの時代までに火は一般的に用いられるようになっていた。火は夜行性の捕食者からの防御，防寒，調理に使われた。防寒は，乳幼児，高齢者の死亡率を低下させ，調理は栄養の吸収効率，衛生面によい効果をもたらす。

石器に持ち手をつける装着使用は50万年前よりアフリカで始まった。30万年前，アフリカでは，形を調整した石核から定型剥片を繰り返し剥ぎ取るルヴァロワ技法が開発された。また，装着して用いる小型石器が一般的になった。

• • •

## 現生人類とそのいとこたち

30万年前，高く丸みを帯びた脳頭蓋など，古代型サピエンスに比べより現代的な特徴をもつ人類がアフリカ各地で見られるようになった。古代型サピエンスという分類学上曖昧な呼称を用いない研究者は，これらを最初のサピエンス（新人）と見なしている。なお，化石サピエンスがわれわれと区別がつかなくなったのは7万年前以降で，これらを現代型サピエンスと呼ぶ。

現代型サピエンスは全世界に暮らす現代人のルーツである。現代型サピエンスのアフリカ外への拡散のうち，主要な移動は5万年前に起きた。東に向かっては，アジア大陸の南部を経由して東南アジアへ，さらに海を越えてニューギニア，オーストラリアへ広がり，これら地域の基層集団を形成した。その後，アフリカから第二波の移動があり，それ以前に東南アジアに広がっていた集団を吸収し，さらに東アジアまでの基層集団を形成した。このほかに，アジアの内陸を経由する北回りの拡散も発生した。3万～2万年前には海水面の低下により現在のベーリング海峡付近には広大な平原が広がった。この地域に暮らした集団から，アメリカ先住民の祖先集団が誕生した。この集団は，アラスカ東部を閉ざした氷床を避け西海岸沿いに南下し，遅くとも2万年前には中南米まで到達した。日本列島への現代型サピエンスの到来は4万年前以降である。サハリン，朝鮮半島，南西諸島の三つの経路があったが，いずれにしても海峡を越えなければならなかった（国内の化石については，第3章を参照）。

一方，アフリカから北へ広がった現代型サピエンスは中東を通りヨーロッパへ拡散し，4万5000年前にはイベリア半島の西端にまで到達した。当時，西ユーラシアには，独特な解剖学的特徴をもつ古代型サピエンス，ネアンデルタール人が暮らしていた。彼らの特徴の成因には，寒冷気候への適応のほか，機能的に中立な遺伝的浮動がある。ネアンデルタール人は3万年前までに消えてしまったが，古代DNA解析から，アフリカから拡散を始めたばかりの現代型サピエンスとネアンデルタール人の間で遺伝子流動が起きたことが知られている。化石資料は乏しいが，ネアンデルタール人と同時代に中央アジアから中国西部にかけデニソワ人と呼ばれる古代型サピエンスが存在したことも古代DNAから知られている。現代型サピエンスとデニソワ人との間でも遺伝子流動が起きている。

•••

### 定住と農耕，そして現代へ

更新世の末期，世界の平均気温は現在よりも6℃ほど低く，広い地域が乾燥していた。その後，完新世に入ると気温が上昇して森林が広がり，草原性の大型哺乳類が減少した。この変化により，世界各地のサピエンスは獲物を追って点々と移動する生活から，身近な資源を徹底利用する生活に変わり，定住生活が一般的になった。この頃，磨製石器が作られ始めた。磨製石器は，緻密な石材から剥離した剥片を研磨して作るため，打製石器よりも鋭さが長続きする。また，土器も作られ始め，それを用いて煮炊きする調理が始まった。

定住後，農耕が複数の地域で平行的に始まった。農耕は限られた種類の野生植物に強く依存する採集活動から発生した。農耕は面積あたりの収穫量を増大させる。その増大分が集団の大型化を可能にした。労働力の増加は，さらに収穫量を増やすものの，その結果が招く人口増加を支えるため，いっそう多くの収穫量が必要となる。農耕の開始前後で，世界の人口が16倍に増えたという推定がある。穀物は貯蔵でき，持ち運びが容易である。人口増加と食料貯蔵は社会における階層化と文明構築の基礎となった。

意外かもしれないが，農耕定住社会を迎え，人々の生活の質は低下した。まず，共通して感染症の増加が見られる。定住生活でゴミと屎尿の処理が適切に行われなければ，水の汚染など衛生の悪化を招く。人口密度の上昇は，疾病の流行を助長する。現代人の感染症の多くは動物起源である。食物の貯蔵は人間との接触が少なかった動物を人間の居住域に呼び込んだ。野生動物の家畜化も危険を招いた。はしか，天然痘などは，家畜起源の感染症である。さらに，限られた品目の作物依存は，多くの場合，栄養状態を悪化させた。一般に穀物は鉄，亜鉛，ビタミンなどの栄養素に乏しいためである。また，少数品目への依存により，虫害・病害・天候不順に起因する凶作，その結果発生する飢饉を経験する頻度が高まった。

農耕社会において，人口が増加し農耕の規模が大きくなると，農耕に適した土地をめぐる争い，また収穫物の収奪を目的とした暴力行為が増加した。狩猟採集社会に暴力行為がないわけではないが，農耕社会における頻度と規模とでは著しい違いがある。集団暴力も定住と人口集中がもたらした負の側面である。私たちの心性も肉体も，更新世の移動する狩猟採集生活に適応し進化してきた。生物としてのヒトは，完新世に始まった生活様式とは調和できていない。

Case Study ケーススタディ 2

# ネアンデルタール人はなぜいなくなったのか

20万年前以降，ヨーロッパの古代型サピエンスは独特な特徴をもつようになった。寒冷適応の結果，体つきは頑丈でずんぐりむっくりしている。頭蓋容量は現代人平均を1割ほど上回る。脳頭蓋は高さが低く前後に長く，後頭部が髷のように突き出す。眼窩の上の骨がひさしのように盛り上がり，鼻腔の入り口である梨状口(りじょうこう)が著しく大きい。彼らをネアンデルタール人と呼ぶ。ネアンデルタール人は歴史上最初に認識された化石人類である。このグループの化石が，1857年にドイツのネアンデル渓谷(タール)で見つかったことにちなんで，命名された。ネアンデルタール人は，北欧を除くヨーロッパ全域，西シベリア，中央アジア，中東で発見されている。ヨーロッパのネアンデルタール人化石は比較的豊富であり，7万〜4万年前に含まれるものが多い。

安定同位体分析から，狩猟に強く依存したネアンデルタール人がいたことが明らかになっている。ドイツ北部の遺跡（12万年前）では，10tに達するゾウを繰り返し狩猟した証拠が発見されている。一方，歯石や歯の表面に残された微細な傷の研究から，植物を積極的に利用した例も知られている。地域，時代ごとに利用可能な資源を選び，多様な生業を行っていたのだろう。

ネアンデルタール人の化石記録は4万年前で途絶える。4万5000年前に現代型サピエンスはヨーロッパの西端まで到達していたため，両者は少なくとも数千年間共存していた。ネアンデルタール人はなぜいなくなったのだろうか。

ネアンデルタール人と現代型サピエンスの間に争いが発生し，文化的に劣ったネアンデルタール人が滅びたという見方もあったが，それに否定的な証拠となる文化遺物は近年増加している。生活技術はもちろん，非実用的な文化においても，フランスの鍾乳洞の奥に作られた石筍の円形構築（18万年前），スペインの洞窟壁面文様や手型（6万5000年前）などは，現在のところ世界最古の例である。ネアンデルタール人は同時代アフリカの現代型サピエンスに劣らない創造力をもっていた。50万年までに分かれたにもかかわらず，こうした文化が独立して発達したのは，創造力を発展させる知的基盤が分かれる前から存在していたからであろう。筆者が，多数派に組せず，古代型ホモ・サピエンスという名称を使うのはそのためである。

広大な地域に分布したネアンデルタール人だが，人口は多くなかった。遺伝情報，骨に観察される異常から，近親婚が示唆されている例もある。人口密度の低さに加え，寒冷化によって通婚圏が分断しやすい地域に暮らしたことで，内婚率が高い地域集団も現れたのだろう。

われわれのゲノムにはネアンデルタール人由来の遺伝子が存在する。その割合は，パプアニューギニア，オーストラリアでは約3%，ヨーロッパ，アジアの多くの地域では1.5〜2.5%程度である。この数字は個人のゲノムにおける遺伝子の割合であり，現代人の遺伝子プールには，ネアンデルタール人由来の遺伝子が最大20%残されているという推定がある。ネアンデルタール人的特徴を示す現代型サピエンスがルーマニアの洞窟（4万年前）で発見されている。この人骨からは6〜9%という高い割合でネアンデルタール人由来遺伝子が得られており，数世代前での通婚を示唆している。通婚はヨーロッパのあちこちで起きただろう。

フランス西南部約7万5000km$^2$での遺跡密度や遺物の量を分析した研究では，いなくなるまでの最後の5000年間のネアンデルタール人と到着した最初の5000年間の現代型サピエンスの人口比が1対10と推定されている。暴力による排除や巨大噴火による寒冷化のような極端な状況を想定しなくても，人口増加による1人あたり資源の減少は，時間をかけて少数派であるネアンデルタール人の人口を減らし，時には通婚を起こし，ネアンデルタール人は現代型サピエンスの集団に飲み込まれたのだろう。

# Active Learning　アクティブラーニング 2

Q.1

**いろいろな二足歩行を観察してみよう**

ヒト以外の霊長類でも，自発的に二足歩行することがある。動物園や野猿公園で観察して，ヒトの二足歩行とどこが違うかを確かめよう。

Q.2

**哺乳類の脳の大きさを比較しよう**

ヒトと体の大きさが近い哺乳類には何がいるか，それらの種がどれくらい大きな脳をもっているか調べよう。

Q.3

**ヒトの特徴を考えよう**

ヒトには直立二足歩行や大きな脳のほかにも独特な特徴がある。どのような特徴があるかを調べてみよう。

Q.4

**私たちの祖先はなぜアフリカだけで進化したのか**

本章を読み，ヒトは過去にさまざまな祖先をもっていたことが分かっただろう。それにもかかわらず，過去4000万年間のほとんど，私たちにつながる祖先はアフリカの中だけで進化をしてきた。その理由を考えてみよう。

第3章

# 日本人の系譜

## 日本列島に住むヒトの成り立ち

日下宗一郎

人間である私たち自身を理解するために，古人骨を対象とした調査がある。古人骨は，考古学の遺跡から出土する人骨のことである。時間スケールでいえば，数百年前から数万年前までの比較的新しい時代のものをいう。一方で後期更新世のやや古い人骨について化石人骨という言い方がされることがある。化石になることは，死んだ生物が地層中でだんだんと鉱物に置き換わって石になっていく過程のことである。新しい時代の骨は，もともとの生物組織を残している割合が高いため，化石人骨と呼ばずに古人骨と呼ばれることが多い。

自然人類学では，古人骨を研究の対象として日本人の成り立ちが調べられてきた。もちろん古人骨は過去の豊富な情報源である。しかし，古人骨だけを見ていては，各時代の人の生活を本当に理解することは難しい。人の暮らしを知るためには生業や生活の道具などを知る必要があり，ヒトの環境適応を考えるために古環境を知る必要がある。そのような観点から，本章では骨以外の事柄についても多く触れている。

本章が対象とした地理的な範囲は日本列島である。時代は旧石器時代から江戸時代までを扱った。ヒトが日本列島に到達して，日本人に至る過程について見ていこう。

KEYWORDS #旧石器時代 #縄文時代 #古人骨 #骨考古学 #二重構造モデル

# 1｜旧石器時代の日本列島人

・

### 後期更新世の古環境と年代

最初に，後期更新世の気候や環境について見ていこう。日本列島に新人（ホモ・サピエンス）が到達した時期は，地質時代でいえば後期更新世である（第1章の図1-1参照）。後期更新世は，約13万～1万2000年前のことである。グリーンランド氷床を柱状に掘削した氷床コアの酸素同位体分析による古気候の復元が行われていて（同位体については第2章参照），後期更新世には寒冷な氷期と温暖な間氷期が繰り返されていたことが知られている。これは，氷期・間氷期サイクルと呼ばれている。氷期の日本列島は，本州・九州・四国が陸でつながっていたが，北海道，朝鮮半島，南西諸島とは海で隔てられていた。また，針葉樹林が広く分布し，照葉樹林は現在より南の方に分布していた。さらに，動物相を見ると，大型動物群が生息していた。本州の南部にはナウマンゾウやヤベオオツノジカなどの大型哺乳類がいて，寒冷な時期には北海道や東北地方にマンモスゾウなどが南下してきていた。

このような後期更新世の年代は放射性炭素年代測定によって調べることができる。放射性炭素である$^{14}C$は，半減期5730年で減衰していく。およそ5万年前までの試料に対して適用でき，西暦1950年を基準に何年前かで放射性炭素年代（BP）は記述される。古人骨であれば，骨のコラーゲンをグラファイト化して，加速器質量分析装置（AMS）により測定する。大気中の放射性炭素の割合は，過去変化してきたことが知られている。これを考慮するために，樹木年輪や年縞と呼ばれる1年ごとに堆積する湖の堆積物の放射性炭素の変動をもとにして作成された，較正（こうせい）曲線（IntCal20）を利用する。また，大気に比べて緩慢な海洋の水循環によって海水中の炭素には同時代の大気よりも古い炭素が含まれている。古人骨の場合，海産物由来の炭素が含まれるため，実際よりも古い年代が出ることは，海洋リザーバー効果と呼ばれている。これらを考慮して計算された年代は歴年代に近く，較正年代（cal BP）と呼ばれる。たとえば，縄文人骨の炭素年代が3000BPだとすると，較正年代は3200 cal BPと計算される。

図3-1　本章に登場する遺跡の地図

・

## 旧石器時代の古人骨

人類が本州に到達したのは，約3万8000年前のことである（山岡 2023）。これは旧石器が出土する最も古い地層の年代に基づいている。九州の南に連なる南西諸島からは，旧石器時代の遺跡が数多く見つかっている。代表的な遺跡は沖縄島の港川遺跡である（図3-1）。1970年に港川採石場から4個体の人骨が産出した。港川1号が男性であり，2〜4号は女性である。炭化物の放射性炭素年代測定により約2万年前の人骨と考えられている。1号男性の頭蓋骨は，現代人男性に比べれば，上下に低い低顔で横幅が広く，前後に長い長頭の傾向にある（Baba

& Narasaki 1991）。頭蓋容量は1390mlでやや小さく，脳頭蓋の厚さは分厚い。側頭窩が大きく空いており，側頭筋が発達していたようだ（馬場 1995）。身長は153cmと推定されている。上腕は華奢であるが前腕や手はやや太く発達していて，下肢も太く発達している。一般に，骨は運動の負荷がかかるほど太く頑丈に発達し，使用されないと細く華奢になる。このことはウォルフの法則と呼ばれる。港川人骨の特徴は，資源の限られた島嶼（とうしょ）環境において狩猟採集生活に適応した結果であろうと考えられている。頭蓋骨の形態からは，港川人が東南アジアを起源としており，南西諸島を通過して本州の縄文人になったのではないかと考えられている。

そのほかに，那覇の山下町洞窟遺跡からは炭化物で約3万6000年前と推定された6～7歳の子どもの大腿骨（だいたいこつ）や脛骨（けいこつ）が出土している。宮古島のピンザアブ遺跡からは，炭化物が約3万年前を示す層準から頭頂骨や後頭骨などが見つかっている。近年の調査で興味深いのは沖縄島のサキタリ洞遺跡から出土した古人骨である。古人骨とともに石器や貝器，貝製ビーズやカニなどの道具や食料資源も出土した点が特徴的である（山崎 2015）。さらに石垣島の白保竿根田原（しらほさおねたばる）洞窟遺跡からは，約2万4000～1万9000年前の旧石器時代人骨が出土している。白保4号人骨の形態解析によると，ベトナム先史時代人と形態の類似性が指摘されている。白保人骨や港川人骨のミトコンドリアDNAもアジア南方起源を示唆している。

本州の唯一の旧石器時代人骨は，静岡県の根堅（ねがた）遺跡から出土した浜北人骨である。堆積の上層からは頭蓋冠や上腕骨（じょうわんこつ），寛骨（かんこつ）片などが出土しており，若い成人の女性と推定されている。下層からは，右の脛骨片が出土している。上層は約1万7000年前，下層は約2万2000年前である。そのほかに，かつては旧石器時代の人骨だと考えられていた本州から出土した資料があるが，再調査の結果，現在では旧石器時代人骨として認められていない。

## 2｜縄文時代の日本列島人

### 完新世の古環境

地質時代のうち，完新世は1万2000年前から現在までのことである（第1章の

図1-1参照）。間氷期である完新世は，温暖な気候によって特徴づけられる。寒冷な後期更新世の後に，温暖な完新世が到来したことで，日本列島の古環境は大きく変化した。

堆積物に含まれる花粉分析を行うと，過去の植生を調べることができる。完新世には日本列島の南方にあった常緑広葉樹林が分布を拡大し，針葉樹林は北へ分布を縮小させ，現在に近い植生分布となった。完新世初めの温暖化の後に，海水準が上昇していった。海水準の上昇は縄文海進と呼ばれ，約7000年前にピークを迎える。日本海には暖かい対馬海流が流入し始め，瀬戸内海も縄文時代に形成された。氷期の大型動物群は絶滅し，現在の動物相に近い状態となった。

••

## 縄文時代の古人骨

縄文時代には，貝塚に遺体の埋葬を行う風習があった。土壌が弱アルカリ性になることで貝塚からは良好な古人骨が見つかることが多い。出土数の多い縄文時代の後・晩期の貝塚人骨の形態特徴について見てみよう。

頭蓋骨は低顔であり，いわゆる寸詰まりの顔立ちである。眼窩も幅に対して上下に低い傾向にある。眉間の部分は立体的である。下顎角は張り出している。歯の大きさは全体的に小さく，咬耗の程度は強く，切歯の噛み合わせは毛抜き状の鉗子状咬合をしている（図3-2）。

四肢骨を見ると，上腕骨が太く発達しており，狩猟活動や漁労活動に関連して活発に上肢を動かしていたことを示している。大腿骨は骨幹後面の筋肉付着部である粗線が著しく発達しており，柱状大腿骨と呼ばれる。脛骨や腓骨は扁平な形態をしている。これらは遺伝的な特徴により生じた可能性や，下肢に強い負荷のかかる運動を行っていた可能性が考えられる。

身体プロポーションは，上肢では上腕骨に対して橈骨や尺骨がやや長く，下肢では大腿骨に対して脛骨や腓骨が長い傾向にあり，熱帯の狩猟採集民と同じ傾向である。縄文人の環境適応を調べるために地理的な変異が調べられてきたが，身体プロポーションに関して地理的な変動は認められていない。しかし，体格と相関する大腿骨頭幅や四肢骨長は緯度と相関を示しており，寒冷地ほど体が大きくなるというベルクマンの法則に沿っている。

縄文人の起源に関連して，骨形態の地域変異が調べられてきた。骨や歯の計測値を使うと集団の類似性を検討することができる。頭蓋や歯の形態小変異と呼ばれる出現頻度の低い変異を使って集団を特徴づけられる。これには，左右の前頭骨が成人になっても癒合せず分かれたままである前頭縫合残存や，切歯の裏がシャベルのような形態を示すシャベル型切歯などが含まれる。歯の計測や頭蓋形態小変異による研究では，縄文人の形態の地域差は小さく，比較的均質な集団であったと考えられてきた（近藤 2018）。

### 縄文時代の生業

縄文時代には，竪穴(たてあな)住居を建てて，定住するようになった。集落跡には，竪穴住居，掘立柱(ほったてばしら)建物，貯蔵穴，土坑墓(どこうぼ)などの遺構が残されている。通常の集落では，数棟の竪穴住居から成る数十人の規模の集団が想定されており，大型住居もある大規模集落では，100人を超える規模で暮らしていたと考えられている。

縄文時代の生業は，狩猟・採集・漁労である。狩猟活動では，ニホンジカやイノシシが主要な獲物であった。旧石器時代にはなかった弓矢が使用されるようになり，矢の先端に石鏃(せきぞく)がつけられた。植物の利用では，クリやドングリなどの堅果類が炭水化物源であった。堅果類をすりつぶすのに石皿や磨石(すりいし)が使われた。漁労活動では，沿岸部での魚貝類の採取が行われた。縄文土器は食物の煮炊きに使用された。

古人骨に観察される古病理のうち，縄文人の歯の齲歯率(うしりつ)（観察できた歯の本数に対する虫歯の本数の割合）は食物摂取と関連している。縄文人の齲歯率は現代の狩猟採集民の齲歯率よりも高く，デンプン質食料の摂取割合が高かったことが示唆されている（藤田 2012）。時期で見ると，早・前期に比べて中・後・晩期の方の齲歯率が高かった傾向にある。また，歯のエナメル質減形成は，エナメル質の成長線である周波条に沿って凹みが形成される古病理である。これは栄養不足などを原因として生じたと考えられ，過去に人が受けたストレスの指標であるストレスマーカーとして知られている。縄文人の歯に高頻度に観察されることから，縄文人が栄養ストレスを経験していたことが指摘されている。

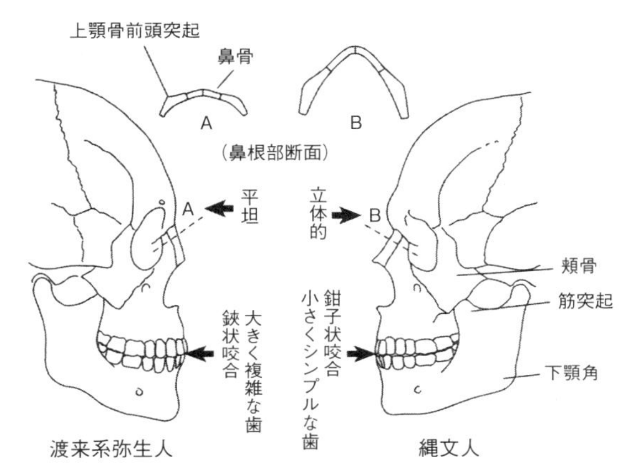


図3-2　縄文人と弥生人の頭蓋骨の比較
出所：中橋 2005。

## 3│弥生時代以降の日本列島人

### 弥生時代の古人骨

北部九州・山口地方の弥生時代の遺跡から，渡来系弥生人と呼ばれる縄文人とは異なった形態的特徴を示す古人骨が見つかっている。多数の弥生人骨が出土した遺跡として，山口県の土井ヶ浜遺跡などがある。渡来系弥生人の顔は上下に高い高顔で，横幅は狭く面長である。眉間の部分は立体的ではなく，平坦な顔立ちをしている。歯は全体的に大きく，噛み合わせは現代人と同じ鋏状咬合(はさみじょうこうごう)である（図3-2）。歯の形態小変異で見ると，シャベル型切歯の頻度は渡来系弥生人で高く，上顎大臼歯(じょうがくだいきゅうし)の舌側(ぜっそく)に生じるカラベリーの結節と呼ばれる特徴の頻度も渡来系弥生人で高い傾向にある。

渡来系弥生人に対して，縄文人的な形態を示す弥生時代の古人骨は，在来系弥生人と呼ばれている。在来系弥生人は九州西部の島嶼部などから見つかっている。さらに独特の形態を示すのが種子島弥生人である。低顔や短頭などの特徴をもっている。齲歯率を見ると，種子島弥生人は約10%で縄文人と同程度であったのに対して，北部九州・山口の弥生人の齲歯率は約20%と高頻度である。

本州において弥生時代の古人骨の出土数は縄文人骨に比べれば少ないが，歯のサイズによる判別分析をした研究によると，弥生中期の太平洋沿岸部や長野においても渡来系と在来系の特徴を示す古人骨がそれぞれ出土している（松村2002）。水田稲作や鉄器・青銅器の利用，遠賀川式土器の出土によって特徴づけられる弥生文化が本州の東へと拡散する過程で，渡来系弥生人の分布も拡大していったと考えられる。

・・・

## 古墳時代以降の古人骨

古墳時代には，古墳や横穴墓に埋葬された古人骨が出土する。複葬が行われた古墳の被葬者に関しては，歯冠計測値を用いた親族構造の分析などが行われている。歯のサイズで見ると渡来系弥生人のように大きい傾向にあり，70～90%は渡来系タイプに判別される。中世には，古人骨の出土数は限られているため，近世の江戸時代以降を中心に述べることにする。江戸時代には，都市部を中心に数多くの古人骨が出土している。江戸時代人の身長は低く，江戸時代以降に鼻根の隆起は低下の傾向にあり，頭蓋が短頭化する傾向にあることが知られている。この説明として渡来人の流入は考えにくく，生活様式の変化や都市化による形態変化であろうと推察されている。特に江戸時代の将軍家の頭蓋形態が面長で独特であることが知られている。これは食生活などの環境要因や，当時好まれた顔立ちの貴族と結婚した遺伝的要因が想定されている。

・・・

## 骨考古学

骨考古学とは，古人骨から生前のさまざまな情報を復元しようとするアプローチである（片山 2015）。古人骨が良好に残っていれば，性別や死亡年齢を推定することができる。形態計測をすることで，身長や身体プロポーション，帰属する集団やその起源を調べることができる。続いて古病理を調べると，骨折歴や疾患，栄養やその他のストレスに関する情報を得られる。死亡年齢を調べると，平均余命や生命表の計算が可能である。さらに同位体分析をすると，食性や帰属年代を知ることができる。古代ゲノム分析によって，集団の起源や親族関係に迫ることが可能である。古人骨から過去を解き明かす骨考古学の対象範囲は広く，骨考古学的視点に基づいて日本人の系譜も研究されてきた。

# 4｜日本人の成り立ち

・・・・

## 日本人起源論

明治時代の初期の日本人起源論は，外国人研究者によるものだった。ドイツ人医師シーボルトは，日本人より前にアイヌが住んでいたとするアイヌ先住民説を唱えた。一方，アメリカ人動物学者のモースは，大森貝塚を発掘した成果から，アイヌの前にプレ・アイヌと呼ばれる石器時代人が住んでいて，次にアイヌ，そして日本人の順で入れ替わったとするプレ・アイヌ説を提唱した。そしてドイツ人医師ベルツもまた，アイヌ，朝鮮半島経由の集団，南方から北上したアジアの集団が混合した結果，日本人になったことを指摘している。

明治時代には日本人研究者による日本人起源論も提唱された。アイヌの伝承に出てくるコロボックルがアイヌ以前に本州に住んでいたと考えたのは，坪井正五郎であった。石器や土器を使い，竪穴住居に住む人々であるコロボックルが住んでいたと考えた。一方，小金井良精（よしきよ）は，シーボルトのアイヌ説の影響を受け，アイヌと石器時代人の骨格を研究することで，アイヌ説を主張した。小金井と坪井の説の対立は，初期の人類学会で繰り広げられた「アイヌ・コロボックル論争」と呼ばれている。

当時，石器時代人と呼ばれた縄文人骨が発掘されると，原日本人と呼ばれる人々が日本列島に住んでいたと考えられた。岡山県津雲（つくも）貝塚や愛知県吉胡（よしご）貝塚など多数の縄文人骨を収集した清野謙次は，原日本人が渡来人との混血によって日本人になったという混血説を唱えた。この説は戦後，弥生人骨の発掘に基づいて金関丈夫（かなせきたけお）が提唱した渡来説に受け継がれてゆく。一方，清野の混血説に対して，長谷部言人（ことんど）は，骨格の時代変化を重視した変形説を唱えた。この説は，鈴木尚の小進化説に受け継がれた。鈴木は，縄文時代から弥生時代，江戸時代から明治時代へなど大きな生活様式の変化によって骨格形態が変化したことを，計測値の時代変遷をもとに論じた（鈴木 1983）。新しい資料の発掘と，人骨の形態計測に基づいた研究の発展により，つぎつぎと日本人起源論も進展してきたのである。

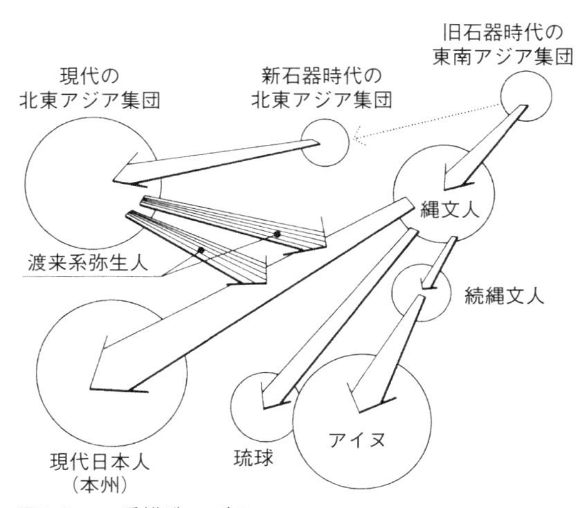


図3-3　二重構造モデル
出所：埴原（1994）を一部改変。

••••

## 二重構造モデル

現代日本人の成り立ちを叙述するために，古人骨の形態が調べられてきた。その中で縄文人骨と弥生人骨の形態を比較すると大きな違いが認められることが明らかとなった。渡来系弥生人の遺伝的影響は西日本や近畿地方で大きく，北方あるいは南方ほどその遺伝的影響は小さくなることが指摘された。日本列島には在来系の縄文人が住んでいて，弥生時代に渡来人が列島に拡散して混血していった。そして現在も二系統の集団が混血の過程にあると考えられた。これが埴原和郎（はにはらかずろう）によって提唱された日本人の起源を説明する二重構造モデルである（図3-3）。

まず旧石器時代に拡散してきた集団が旧石器人になり，やがて縄文人が形成された。その後，大陸では北上した集団が寒冷地適応をして形質を変化させるとともに，稲作や金属器の利用をする北東アジア集団となり，日本列島に渡来してきた。そして，稲作の拡大とともに，日本列島を東へと拡散していった。

ここで北海道と琉球においては本州とは異なる歴史をたどる。寒冷な北海道は稲作に適していなかったために，縄文時代の後も狩猟採集漁労文化を継続した続縄文時代が続く。琉球列島においてもすぐに農耕が取り入れられず，独自の歴史をたどった。これらのことによって，北海道と沖縄では，縄文人の遺伝子の割合が高い集団が現代まで残ることとなった。

・・・・

### 遺伝子から見た日本人

現代日本人の遺伝子を調べれば，日本人の起源についての証拠が残されているはずである。現代日本人の一塩基多型（SNP）解析によると，沖縄県に遺伝的に近いのが九州地方と東北地方で，近畿地方と四国地方が遠いという結果となっている。このことは，二重構造モデルを支持する結果と考えられている。

古人骨に残っている遺伝子の研究は，まずミトコンドリアDNAから行われてきた。そのハプログループと呼ばれる遺伝子の分類によると，縄文人には大きく2系統あり，東西の地域差が認められている（篠田 2022）。核ゲノムについては，北海道の船泊（ふなどまり）遺跡の人骨2個体や，愛知県の伊川津貝塚の女性人骨1個体の全ゲノムが発表された。それらから明らかとなったことは，縄文人は現代日本人集団とは異なる独特のゲノムをもっていたことである。

弥生時代の古人骨のゲノム配列に関しては，現代日本人集団と縄文人との中間に位置していて，やはり集団の混血を示唆している。在来系弥生人の形態を示す個体でも，混血が進んでいる場合がある。弥生人集団のゲノムが縄文人から離れて現代日本人に近づいていることは，縄文人の遺伝子の影響した割合が小さく，弥生・古墳時代以降の渡来人の遺伝的影響の強さを示唆している。

さまざまな研究を見てきたが，古代ゲノム分析は遺伝子から見た日本人の成り立ちの復元を可能にしつつある。形態解析やゲノムの分析の発展によって，さらに日本人の成り立ちの詳細な過程が明らかとなっていくだろう。

Case Study ｜ ケーススタディ 3

# 骨は食べ物の記録
## 同位体分析から分かる人類の食性

### 古人類の食性

骨や歯は，生前に摂取された食物をもとにして形成されているため，骨の成分を調べると過去の食物摂取に関して知ることができる。骨の成分の70%は，無機物であるハイドロキシアパタイトであり，残りの30%は有機物であるコラーゲンである。ハイドロキシアパタイトには微量に炭酸が含まれている。この炭素同位体比を調べると，化石骨から食性を復元することができる。同位体とは質量数が異なる同じ元素のことだ。

炭素同位体比は，δ（デルタ）$^{13}$C値（単位はパーミル，‰）を用いて表される。生物内で炭素同位体比に違いが生じることは同位体分別と呼ばれる。植物においては光合成回路によって同位体分別が異なる。$C_3$植物と呼ばれる森林性の植物は，低いδ$^{13}$C値を示すのに対して，$C_4$植物と呼ばれる草原性の植物は高いδ$^{13}$C値を示す。これらを摂取した植物食の動物の歯のδ$^{13}$C値は，$C_3$植物と$C_4$植物の摂取割合に応じた分布を示す。このことを活用して，アフリカの哺乳類化石や古人類化石から食性が復元されてきた。

これまでに調べられた古人類の炭素同位体比を見てみよう。アルディピテクスはδ$^{13}$C値が低く，森林性の植物の摂取が想定される。アウストラロピテクス・アファリカヌスは，$C_3$食性から，$C_3$/$C_4$混合食の幅広い食物摂取を示していて，草原への適応が示唆される。いわゆる頑丈型のアウストラロピテクスでは，ロブスタスが$C_3$食性に傾いているのに対して，ボイセイが$C_4$食性であった。ホモ属では，$C_3$食性から$C_3$/$C_4$混合食の値を示している。ホモ属の場合には，肉食を行っていた可能性があるが，$C_4$植物だけではなく，$C_4$植物を食べた動物の肉のδ$^{13}$C値も反映しているのかもしれない。

### 縄文人の食性

骨のコラーゲンは，堆積中にその割合が数%まで減っていく。堆積中の変質

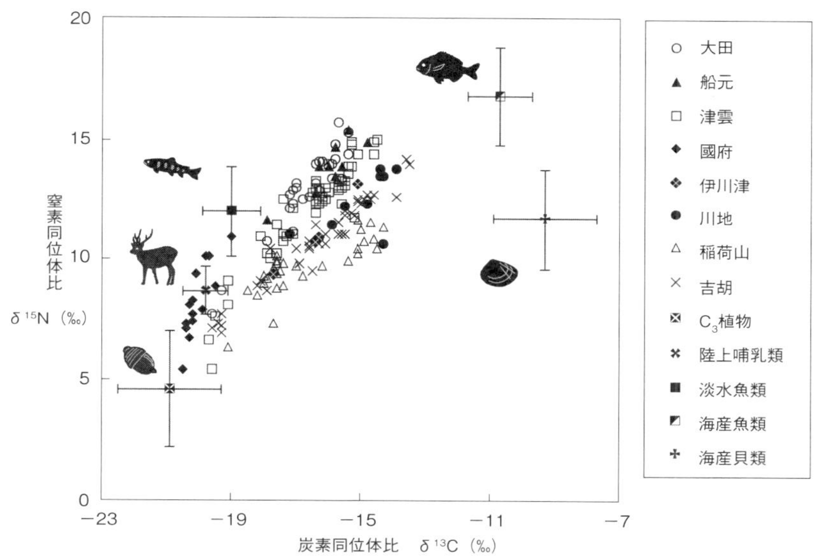


図1　縄文人骨と食物資源の炭素・窒素同位体比
出所：日下 2018。

は続成作用と呼ばれるが，酸やアルカリ溶液による洗浄によって土壌有機物などは除去できる。骨コラーゲンの炭素と窒素の同位体比を使って，縄文時代人の食性も調べられてきた。縄文時代には，堅果類などの$C_3$植物や陸上哺乳類，海産資源が摂取されてきた。海産資源の$\delta^{13}$C値・$\delta^{15}$N値は高い値を示すために，海産物摂取を評価することが可能である。たとえば，本州沿岸部の縄文人は，海と陸の資源の摂取割合に応じて同位体比の変動が大きい。一つの集団内でも，食性に個人差が生じていたようである（図1）。また，古人類化石と同じように縄文人骨の歯のエナメル質の炭素同位体比を測定することが可能である。その結果によると，炭素同位体比は低く，陸上哺乳類や$C_3$植物がエネルギー源だったことが推定される。食性は性別や抜歯（ばっし）風習によっても偏る場合があり，食は社会とも関連していたと考えられる。

## Active Learning　アクティブラーニング 3

**Q.1**

### 古人骨が出土した遺跡を調べてみよう

古人骨が出土した遺跡をいくつか紹介した。自分が興味をもった遺跡について調べて，出土した古人骨の特徴や，どのような出土物があるのか書き出してみよう。その遺跡の立地や環境についても調べてみよう。

**Q.2**

### 縄文人と弥生人の顔立ちを比較してみよう

縄文人と渡来系弥生人の頭蓋骨の形を比較するために，写真を探してみよう。写真を見つけたら，両方の頭蓋骨をスケッチしてみよう。そして違いのある部位に気づいたら，特徴をスケッチにメモしよう。

**Q.3**

### 発掘調査報告書を見てみよう

自分の興味のある遺跡について，図書館で発掘調査報告書を探してみよう。報告書にはどのような内容が書かれているか，一通り目を通してみよう。さらに人骨の調査に関する部分をよく読んで，レポートにまとめてみよう。

**Q.4**

### 日本人起源論について，グループで議論してみよう

日本人の起源にはどのような仮説があるだろうか。日本人起源論に関わる文献について調べてみよう。それを持ち寄って，仮説が形成された背景や論拠についてグループで討論してみよう。

第Ⅱ部

# 食と人類進化

第4章

# 食性と歯の形態

## 歯の形が語る多くのこと

森田　航

本章では歯に着目して解説を行う。なぜ「歯」なのか。まず，歯は生物が生み出す組織のうちで最も硬質なため化石記録として保存されやすいという大きなメリットがある。実際，硬いため内部にその生物がもつ情報をとっておくアーカイブとしての機能ももっており，古代DNAの抽出や同位体分析といった化学分析を行う際の貴重な試料にもなっている。食物と直接接する部位でもあるため，生き物が食べる物に応じてさまざまな形をとる。特に哺乳類では食性が多様なので，見慣れてくるとたとえ歯の形からだけでもどのような食性をもつ生き物なのかが推測可能である。また，生物の形態は大きく分けて環境要因と遺伝要因の二つの要因から決定されるが，歯の形態は遺伝要因による割合が高いとされる。そのため進化研究において，絶滅動物の食性復元や系統関係の復元の指標として最も重要な器官の一つと考えられている。さらに歯は単独でも培養可能で自律的に形態形成が進むため，発生学的な研究も盛んに行われている。そのため，進化現象と発生現象をつなぐ進化発生生物学の分野でも注目を集めている。

KEYWORDS　#歯　#食性　#発生　#進化　#哺乳類　#化石

# 1｜歯に関する基礎知識

・

### 歯の数と種類と構造

魚類や爬虫類では基本的にはすべての歯が同じ形をしており，同形歯性と呼ばれる。これらの歯は生涯を通じて何度も生えかわり多生歯性と呼ばれる。そのため，数多くの化石が見つかる。博物館などでお土産としてサメの歯の化石が売られているのを見たことがある人も多いのではないだろうか。一方，哺乳類は，体の正面から各片側の顎の奥に向かって切歯（せっし）・犬歯（けんし）・小臼歯（しょうきゅうし）・大臼歯（だいきゅうし）の4種類の歯をもつ異形歯性である。また多くの種で一度しか生えかわらない二生歯性で，幼少期に脱落する乳歯は乳切歯・乳犬歯・乳臼歯の3種類から成る。

歯は，食べ物を取り込むための口の入口に並んだ一連の構造物の総称，と思われるかもしれない。しかし，一見歯のように見える，バッタの発達した顎と口器，クモの鋏角（きょうかく）（鋏角亜門の口器），ウニの咀嚼器，軟体動物の歯舌などは，実は歯ではない。では，歯とは何かというと，定義が決まっており，象牙質をもつ歯のことを真の歯，真歯（しんし）としている。つまり，歯の主体は象牙質といえる。この象牙質は第四の胚葉とも呼ばれる神経堤由来の間葉から作られるが，神経堤という構造は脊椎動物にしか現れない。そのため，見た目と機能は似ていても先述した無脊椎動物には歯はできない。

口腔内に萌出する歯冠（しかん）部の表面を覆うのがエナメル質で，顎骨（がっこつ）に植わっている歯根（しこん）部の表面はセメント質で覆われている。ヒトの場合は，釘植（ていしょく）といって歯根膜線維がセメント質と歯槽骨中に入り込むことで歯を支持している。他の動物では，象牙質と歯槽骨が癒合する骨性結合や，象牙質と骨が膠原（こうげん）線維で結合される線維性結合などが見られる。歯の内部には神経や血管が通るための空洞があり歯髄腔（しずいくう）と呼ばれる。

・

### 歯の発生過程

歯の発生は口腔上皮の肥厚と間葉（かんよう）の凝集から始まり，その次に歯堤（してい）という盛り上がりが生じる。形成途中の歯は歯胚（しはい）と呼ばれ，口腔粘膜下において形成される。初めに形成されるのが歯冠の部分である。まず蕾状期（らいじょうき）において，歯堤の一部から歯胚の形成が始まる。続く帽状期では，歯胚の上皮の下面が陥凹して帽子状になる。その中央部には一次エナメル結節という細胞の成長に必要な成長因子を分泌するシグナルセンターが現れる。そして鐘状期になると，将来の咬頭（歯冠の突出部分）の数と位置に一致した二次エナメル結節が生じてシグナルセンターとして機能し咬頭形成に重要な役割を果たす。また鐘状期後期には，咬頭頂のような歯の突出した部位から歯頚部に向かって，内エナメル上皮を境にして外側にエナメル質が，内側に象牙質が形成されていく。この内エナメル上皮の形状が完成した歯ではエナメル象牙境，つまり象牙質部分の外形として観察することができる。エナメル質にも象牙質にも代謝の日内変動や数日間の変動を反映した成長線が見られる。顕著なものとしては，出生時の環境や栄養状態の急変を反映した新産線というのがある。歯冠の形成中に出産を経る乳歯や第一大臼歯で見られ，周産期の古人骨資料においてはこの有無で生まれていたかどうかが判断できる。また成長線を数えることで，年齢を推定したり，化石種の成長スピードを推定したりするなどの研究も行われている。歯冠部での象牙質とエナメル質の形成がほぼ終了したあとに歯根形成期が始まる。歯冠の形成時に陥凹する上皮の先端となっていた歯頚部湾曲が歯根の先端（根尖）方向に伸びてヘルトヴィッヒ上皮鞘となって歯根の外形を形作っていく。この上皮鞘は象牙質を作る細胞を誘導して，歯根象牙質を作らせるとともに，象牙質の外側にはセメント質を含む歯周組織が形成される。歯は，歯根の形成途中で口腔内に萌出する。その後に歯根形成は完了し，咬合機能を営む機能期となって歯の形成は完了する。

•

### 歯の起源

このような歯の進化的な起源はどこにあるのだろうか。歯の起源に関する仮説は，一般的に，「外から内へ仮説（アウトサイド・イン）」と，「内から外へ仮説（インサイド・アウト）」の二つに集約される。「外から内へ仮説」では，脊椎動物がもつ歯と，魚類の真皮の象牙質はともに「歯突起」と呼ばれ，エナメル質やエナメル質様のミネラル化した組織に覆われた象牙質から成る構造で，どちらも骨に付着していることに注目する。この類似性から，歯は約5億年前に私たちの魚類の祖先の口の中に移動してきた特殊なうろこであると考えられてきた。この仮説では，皮膚の歯突起が最初に進化し，歯牙（しが）誘導性をもつ外胚葉性の上皮が口腔内に入り込み歯が形成されたとする。一方，「内から外へ仮説」では，歯はうろことはまったく無関係に古代の脊椎動物の咽頭内部で発生し，異なる時期に何度も複数の系統で進化したと考えられることを重視する。つまり歯のような構造物は咽頭腔の奥深くにある内胚葉から最初に進化したとする。近年では，中間的な化石の発見などから，「外から内へ仮説」の方が有力視されている。だが，現生の魚にも見られる咽頭歯を「外から内へ仮説」だけでは完全には説明できないことから，「改良型外から内へ仮説」（外胚葉由来の上皮が鰓裂（さいれつ）などを通じて内部に侵入し歯の形成に関与）なども提唱されている。今後，新たな化石の発見に加えて発生学的な知見の増加により歯の起源が解明されていくものと思われる。

## 2｜霊長類に見られるさまざまな歯

### 中生代哺乳類からの歯の進化史

哺乳類は中生代に進化していくが，このときに夜行性，体毛の保持，嗅覚聴覚の鋭敏化，恒温性，胎生といった一連の特徴をセットで獲得する。こうして多くのエネルギーを消費するようになった哺乳類にとって，食べ物を咀嚼し効率的にエネルギーを取り出すために必須だったのが咬合する歯の獲得といえる。そのためには複数の咬頭を一つの歯の中に備えねばならず，かつ，上下の歯がうまく咬合するように咬頭の配置も合わせなければならない。このような多様な歯の形を哺乳類はどのように獲得したのだろうか。一般的な魚類，両生類，爬虫類がもつ単純な尖った形からあまり変化していない切歯や犬歯に比べて，中でも大きな変化を見せたのが大臼歯である。主要咬頭の脇に副咬頭ができ，次第に一つの歯の中で機能の分化が起きる。このような形の歯をトリボスフェニック型臼歯といい，哺乳類の臼歯の基本型と考えられている。下顎（かがく）大臼歯で機能分化が明瞭に現れていて前の三つの咬頭がトリゴニッドと呼ばれ，切り裂きの機能をもち，後ろの三つの咬頭がタロニッドと呼ばれ，すりつぶしの機能をもっている（図4-1a上）。上の歯と咬み合ってトリゴニッドで切り裂き，タロニッドが上顎（じょうがく）のプロトコーンと臼と杵の関係になってすりつぶしを行っている

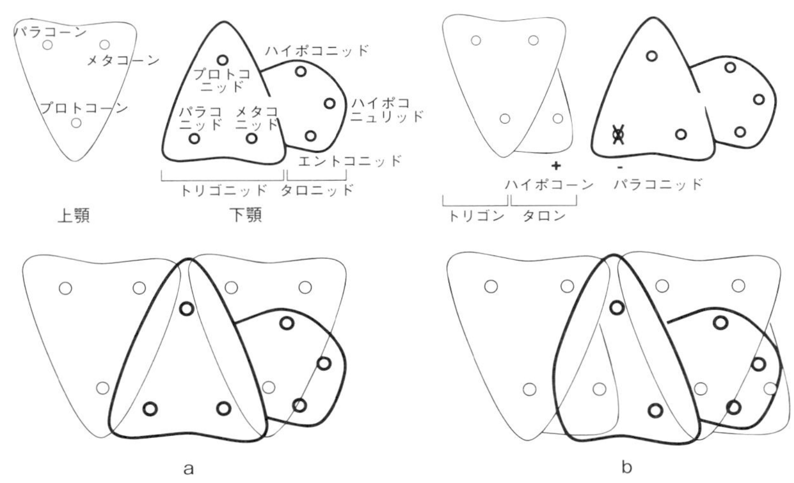


図4-1　哺乳類における臼歯の形態進化と機能分化

(図4-1a下)。さらにその後の哺乳類では上顎ではタロンと呼ばれる部分が付け加わり，もう一つ咬頭が追加されるが，下顎では近心に位置するパラコニッドを失うものが出てくる（図4-1b上)。トリゴニッドとトリゴンで切り裂くのは変わらないが，一つ前の歯のタロンとトリゴニッドでもすりつぶせるようになった(図4-1b下)。杵と臼の関係が二つになることで，すりつぶし機能が強化された。このような機能的な歯をもつ中生代哺乳類の中から霊長類が分岐したのは，中生代白亜紀前半とされている。見た目としてはジャコウネズミ（スンクス）のような姿だったのではないかと推測されている。

••

## 霊長類に見られる歯の共通性と多様性

ここからは霊長類がどういう歯をもっているのかを見ていく。トリボスフェニック型臼歯をもつような原始的な哺乳類は，切歯が3本，犬歯が1本，小臼歯が4本，大臼歯を3本もっていた。たとえばネズミやウシなどのように，小臼歯や犬歯がまったくなくなっている動物もいるが，霊長類はすべての歯種をもっている。このことからも霊長類というのは原始的な哺乳類の姿をまだ多く留めているといえる。霊長類全体では歯の本数に違いが見られる。ヒトと近縁な類人猿やニホンザルなどの狭鼻猿類では，片顎につき切歯が2本，犬歯が1本，小臼歯が2本，大臼歯が3本ある。

一方，中南米に住むリスザルやクモザルなどの広鼻猿類や，キツネザルなどの曲鼻猿類は3本の小臼歯をもつ。もちろん例外はいくつかあり，メガネザルは下顎切歯が1本しかなく，広鼻猿でもマーモセットは大臼歯が2本しかない。また曲鼻猿のアイアイは，齧歯類のように一生伸び続ける切歯をもつ。乳犬歯や乳臼歯は存在するが，永久歯では上顎小臼歯が1本あるだけで，下顎の小臼歯や犬歯が消失するなど特殊化が進んでいる。より果実食傾向が強い類人猿や広鼻猿類も比較的トリボスフェニック型臼歯の傾向をとどめていて，比較的低くなだらかな咬頭で果実を押しつぶすことに長けた歯をもっている。上顎ではハイポコーンという遠心舌側の咬頭が発達し，下顎では最も近心に位置していたパラコニッドが消失して5咬頭となっている。類人猿に見られるこのような下顎大臼歯の5咬頭は互いに溝によって区切られているが，近心舌側咬頭（メタコニッド）と遠心頬側咬頭（ハイポコニッド）が接するＹ字型のパターンを典型的にもつ。このパターンは初めに認識された中新世化石類人猿のドリオピテクスにちなみ，ドリオピテクスのY5パターンと呼ばれる。このパターンは漸新世のプロプリオピテクスから見られるためこちらの方がより原始的で，旧世界ザルに特徴的な二稜歯の方がより派生的とされる。二稜歯とは，上下の大臼歯とも近心と遠心の二か所で頬側と舌側の咬頭がつながって鋭い稜線を形成する構造のことで，特に葉を多く食べるコロブス類で発達しており，繊維質の多い葉を切り裂くのに適していると考えられている。

••

### 霊長類の食性と歯

霊長類は全体的な傾向として雑食傾向が強いが，大まかには昆虫食，果実食，葉食傾向が強いものがいる。このような食性の分化は端的には大臼歯の形の違いによく表れている。昆虫食者は，獲物の体を突き刺し押しつぶすことのできるよう，高くて先のとがった咬頭をもつ傾向がある。曲鼻猿とメガネザルは昆虫食傾向が強く，原始的な哺乳類と同様にトリボスフェニック型の臼歯をもつ種もある。果実食者は，広くて平たい部分で果実を押しつぶすため平たくて丸い咬頭をもつことが多い。硬い種子を食べる霊長類では，内部構造もそれに適した変化が見られ，厚いエナメル質により硬い食物を咀嚼するのに耐えられるようになっている。一方，消化の難しい葉を食べる種では，大きな消化器官を体内に収めるために大型化し，歯のサイズも大きくなっている。さらに噛み切りにくい葉をうまく剪断するため咬頭間に発達した稜線が見られることが多い。

このように多くの種で，歯とその食物との間に大まかな対応関係が見られる。しかし実は，話はそれほど単純でもない。たとえばゴリラでは，種もしくは亜種間で歯の形態の大きな違いはないが，山地に住むマウンテンゴリラは繊維質が多くて噛み切りにくい木の皮，草などを食べている。一方，熱帯雨林に住むニシローランドゴリラは，果実を好んで食べる。またブラウンキツネザルとワオキツネザルもよく似た歯をもつが，前者が多くの葉を食べる一方で，後者は前者よりも果実を好む。このように歯や顎を見ただけでは，特に系統的に近い分類群間では，その食性の違いが判断できない場合も多い。

ではなぜ普段食べる食物と一見対応関係のとれない歯をもつに至ったのか。それを考えるうえでヒントとなるのが，アフリカ中央部に住むホオジロマンガベイである。ホオジロマンガベイの歯は厚いエナメル質に覆われており顎も頑丈であるが，降水量の多い通常の年には果実や若葉を食べていて，頑丈な歯と顎は無用にも見える。しかし，干ばつ時には果実や若葉はなくなるため，硬い種子や樹皮を食べざるをえない。このとき頑丈な歯と顎がなければ生き残ることができない。通常時に好んで食べる選好食物ではなく，むしろフォールバック食物（救荒食物）にいかに対応した歯をもつかが進化的変化においては重要だった可能性がある。

••

### 犬歯の大きさと社会性

われわれヒトを含む霊長類はどの種も犬歯をもつ。性差が大きく，雄が雌よりも大きな犬歯をもつ種も多い。つまり発達した犬歯は餌を捉えるために用いられるのではなく，社会的な理由で発達している。雄同士の順位争いや，群れ間での闘争の際に，威嚇のために大きな口を開けて犬歯を見せたり，実際に武器として使ったりする。一般的に上下歯列を咬み合わせる際には，上顎の歯が上から覆いかぶさるように咬み合うため，外側，かつ後側に位置する。そのため上顎犬歯の後縁は下顎の第三小臼歯に，前縁は下顎の犬歯によって研がれる。このように犬歯の鋭さを長く保つための上下の犬歯と下顎第三小臼歯の組み合わせは犬歯小臼歯複合体と呼ばれる。

このような犬歯の大きさに性的二型が存在することは群れ内に雄間競争が存在することを示している。つまり，どういう社会性をもつかについてと，雌の犬歯の長さに対する雄の犬歯の長さの比が関連していることが想定できる。それでは現生の霊長類はどのような社会性（この場合は群れ構造の意）をもつのだろうか。

チンパンジーは複数の雄と複数の雌が一つの群れを形成する複雄複雌型の社会を形成する。同じアフリカに住むゴリラは，1頭の雄が複数の雌と一つの群れを作る単雄複雌型の社会を営むことが多い。それに対し，東南アジアを中心に生息するテナガザルは一組の雄と雌からなるペア型の生態をもつ。ペア型の社会をもつ種では雄と雌で犬歯の大きさはほぼ変わらない。一方，1頭の雄が複数の雌と一つの群れを作るゴリラや，複雄複雌型の社会を営むチンパンジーでは，雄同士の争いが激しいため，雄は大きな犬歯をもつ必要があり，その結果，雄と雌の犬歯サイズが大きく異なる。

一方，ヒトは男女差がほぼない（実際には歯のサイズでは6%ほどの大きさの違いがあるとされている）。チンパンジーとヒトの系統の分岐は700万年前とされているが，さまざまなホミニン化石の比較をしてみると，もちろん歯の化石だけでは性別は分からないが，おおむね同じ種の中ではどの個体も同じ大きさの犬歯をもつことが分かる。そのため，おそらく440万年前のアルディピテクスの頃にはすでにペア型の社会構造をヒト系統ではもっていたのではないかと推測されている。ヒト系統は二足歩行を始め，これにより手を使って食物を運ぶなど食物の分配が促されペア型の社会につながったのではないか，と考えられている。その後，この家族を単位に複数の家族が集まって共同体を形成し，人口も増え，それにつれて協力的行動が進化し，共同して子どもを育てるなど，現在につながるヒトの特徴が生まれてきたのではと考えられる。このように犬歯の大きさから，進化的な意味においてではあるが，社会が見える，といえる。

## 3｜人類の進化過程で生じた歯の形態変化

### 中新世化石類人猿

初期中新世のプロコンスルなどの化石類人猿は，エナメル質が薄く果実食に適応していたと考えられている。その後，中期更新世になるとモロトピテクスやアフロピテクスが現れるが，彼らのエナメル質は厚く丈夫な前歯や顎骨をもつ。厚いエナメル質はケニアピテクス類にも見られ，丸みを帯びた歯冠と相まってこの頃の類人猿は硬い食べ物に適応していたと考えられている。この特徴はアフリカの類人猿にとどまらず，ユーラシアに進出したグリフォピテクスでも同様に見られる。南アジアに分布していたシバピテクスも厚いエナメル質をもっていた。シバピテクスはオランウータンの祖先であるとの説が有力であるが，オランウータンは好んで食べる果実が硬い皮で覆われているため，チンパンジーやゴリラよりも厚いエナメル質をもつ。一方で，ユーラシアの西部には薄いエナメル質をもつドリオピテクス類がおり，生息環境に応じて多様化もしていたことが分かっている。

・・・

## 初期人類

現生人類は現生類人猿とは異なる歯の特徴をもつ。幅が広く放物線を描く歯列，厚いエナメル質，小さい犬歯と相対的に大きな大臼歯をもつことである。しかしこのような特徴は，チンパンジーとの最後の共通祖先との分岐後，直ちに現れたわけではなかった。そこに行きつくまでの形態変化を見ていくことにする。

最古のヒト系統の祖先とされるサヘラントロプスは，チンパンジーと同様にU字型の歯列弓をもっていたが，犬歯は小さく，上顎犬歯はチンパンジーのように下顎小臼歯で研がれることはなく，厚いエナメル質をもつ。その少しあと600万年前頃に生息していたオロリンの切歯，犬歯，そして第三小臼歯はチンパンジーに似ている。その一方で，大臼歯はラミダスや後の時代に現れるホミニンよりも小さく，エナメル質も厚いという現代人に近い特徴をもっていた。580万～440万年前という年代が与えられているアルディピテクス属からは，アルディピテクス・カダバとアルディピテクス・ラミダスの2種が知られている。この2種には大きな歯の形態上の違いがあり，カダバの上顎の犬歯は下顎の第三小臼歯で研がれる。これはラミダスとは大きく異なる。ラミダスの上顎の犬歯はチンパンジーのように下顎の第三小臼歯で研がれることはなく，チンパンジーと比べると，犬歯の形は切歯により似ている。犬歯の大きさは後のホミニンよりは大きいものの，チンパンジーやゴリラに比べて小さく，性差も小さい。大臼歯は体の大きさに比べて小さい。大臼歯のエナメル質はチンパンジーよりも厚く，分布パターンは現生人類に似ていた。

・・・

## アウストラロピテクス類

まだ出土した化石も少なく，不明な点も多い初期人類の後に現れるのが東アフリカのアウストラロピテクス・アナメンシスやアファレンシス，南アフリカのアフリカヌスで，「華奢型」のアウストラロピテクスと呼ばれる。だが，この後に登場する「頑丈型」に比べれば華奢だというだけで，現代人と比較すれば，歯の全体のサイズや顎は十分にがっしりしている。犬歯や小臼歯は大きく類人猿的だが，犬歯の研磨は認められない。大臼歯は非常に大きく，特に後方のものほど大きくなっている。アウストラロピテクス・アナメンシスの歯列は類人猿に見られるようにU字型に近いが，アファレンシスでは，現代人のように末広がりの馬蹄形に近づく。アフリカヌスはアファレンシスよりも前歯が小さく，臼歯は後方のものほど大きく，頑丈型猿人への移行的な状態と考えられる。「頑丈型」には，アウストラロピテクス（パラントロプス）・エチオピクス，ボイセイ，ロブストスが含まれ，発達した咀嚼器官をもっていた。顎骨が厚く大きいだけでなく，強大な咀嚼筋が付着するためのとさか状の隆起が頭頂部にある。

歯の大きさで考えてみると，われわれの第一大臼歯の咬合面の大きさは120mm$^2$で，だいたい小指の爪の面積ほどである。しかし頑丈型のアウストラロピテクス・ボイセイの第一大臼歯は面積が200mm$^2$で親指の爪の面積ほどもある。親指の爪が三つ口に並んでいると考えたら顎もそうとう大きかったことが想像してもらえるのではないかと思う。また，大臼歯が大きいだけでなく，小臼歯も非常に大きく「大臼歯化」している。これらの臼歯のエナメル質も厚い。咬耗の仕方も独特で，通常，咬耗が進むと上顎の歯では舌側が，下顎の歯では頬側がすり減り咬合面に勾配が生じるが，頑丈型ではほぼ水平にすり減っていく。咀嚼のやり方も異なっていたのかもしれない。

・・・

## ホモ属

1940年代後半にスコットランドの解剖学者のアーサー・キース卿が脳サイズ

に基づいてホモ属を定義した。その大きさは750mlで，これは正常な現代人の最小値とゴリラの最大値との中間にあたる。だが，これを覆したのがホモ・ハビリスで，脳容量は600〜700mlしかない。なぜこれがホモ属に含められたのかというと，石器を使用していたことや器用な動きができたと推測できる手の特徴に加え，歯の大きさの縮小も重大な要素だった。実際に石器の開始は330万年前にさかのぼるとされている。さらに火の使用も最古の記録では180万年前には始まるとされる。つまり食べ物を軟らかくし噛み切りやすくする仕事は「技術」へとアウトソースされ，歯の形態と食物のタイプとの対応関係はより曖昧になっていったと考えられる。

では具体的にどのようなホモ属が存在し，彼らの歯はどのような形態だったのだろうか。初期のホモ属としては，ホモ・ハビリスやホモ・ルドルフェンシス，ホモ・エルガスター，さらに初めて出アフリカを果たしたと考えられているホモ・エレクトスがいる。彼らの咀嚼器官は総じて先行するアウストラロピテクス類よりも退縮する。ホモ・ハビリスの大臼歯はアファレンシスと同程度の大きさだったが，同時代に生息していた頑丈型のアウストラロピテクスと比べると圧倒的に小さい。大臼歯の形についてもアファレンシスに比べると，頬舌的に狭く近遠心的に長い，つまり幅が狭く前後方向に長い，という特徴が見られる。犬歯や小臼歯の形も現生人類に似たものに変わってきている。ホモ・エレクトスになると，全体に歯の大きさがさらに小さくなる。特に第二，第三大臼歯においてハビリスよりも顕著に小さくなる。ホモ・ハイデルベルゲンシスなど更新世に現れたホモ属になると，歯の大きさや形は現代人と大きな違いはなくなってくる。とはいっても分類群ごとに顕著な特徴もあり，たとえばネアンデルタール人では，タウロドントという神経や血管が通る内部の空洞が大きく歯根の先端部分まで分岐しない歯をもっていたり，下顎第三大臼歯の後方に空隙があったりするなど，独特の特徴が見られる。ホモ・サピエンスは，先行するホモ属に比べると歯は小さく，第三大臼歯が先天的に欠如する頻度も高いなどの特徴がある。

さらに2013年にロシアのデニソワ洞窟から出土した化石から古代ゲノムの解析が行われ同定されたデニソワ人がいる。現生人類とも交配していたことが明らかとなったが，ゲノムデータに基づいているため姿形はまったく不明であった。しかし2019年に中国のチベット付近の洞窟で見つかった下顎骨と歯からタンパク質を抽出し分析したところデニソワ人と一致し，今まで第三大臼歯1本と指の破片しか見つかっていなかったデニソワ人の姿が分かったと注目を集めた。そしてこの化石の下顎第二大臼歯には歯根が3本あった。実は下顎大臼歯に3本の歯根があるという特徴は，世界中で東アジア人とアメリカ先住民だけに高い頻度で見られることから，デニソワ人からの遺伝子流動によって受け継いだ特徴だとする説も提出されている。これには反論も多いが，ユーラシアでの旧人類との混血が現代のわれわれに何をもたらしたのかについて，これからさまざまなことが分かってくるだろう。

またホモ属がユーラシアに拡散して以降，歯の形態に面白い違いが生じる。アフリカのホモ属では切歯など前歯に頑丈な構造は見られず，大臼歯などの後歯には頑丈な構造が見られていた。それが，ユーラシアに進出して以降は，前歯にはシャベル状切歯のような頑丈な構造が見られる。一方，後歯は単純で退縮したものが見られるようになってくる。大臼歯の咬頭を区切る溝のパターンについても，面白い変化が見られる。下顎の大臼歯には三つの溝パターンがあるが，アフリカでは基本的にY型しかなかったのが，ユーラシアでは＋型や×型が見られるようになる。これには大臼歯のサイズの減少とも関連があるのではといわれている。また上顎大臼歯でもサイズが減少し，特にハイポコーン，つまり遠心舌側咬頭の顕著な退縮が見られるようになる。歯の縮小化に関するさまざまな仮説は提起されているが，どれが正しいのか，もしかすると部分的に全部正しいのかもしれないが，まだ詳しいメカニズムは明らかになっていない。それらのうちのいくつかをあげると，突然変異の確率的効果仮説では，旧石器時代の人類進化の過程を見ると，それまで食物をとる咀嚼器官として歯に働いていた強力な力は道具の発達により弱体化し，歯列に作用する淘汰圧が緩んできて，必然的に退縮を招くような突然変異が蓄積してきたことによるとされる。幼形進化仮説では，ヒトは体のあらゆる部位に発育成長の遅れが存在し，これは第三大臼歯が最も影響を受けるために，そこから欠如などの影響が生じてきたとされる。歯の縮小傾向はホモ・サピエンスが成立して以降においても進行している。農耕の開始以降に顕著で，先行する狩猟採集民よりも歯のサイズも顎骨のサイズも減少する。道具の発達などにより淘汰圧が緩むとそれに合わせて退縮するといった機能的な説明がなされることも多い。

しかし，このように咀嚼機能に関連させて歯の形態変化が説明されることもあるが，まったく異なる要因から歯の形態が変化してきた可能性も指摘されている。先述したシャベル型の切歯は，アジア北部および東部集団とアメリカ大陸先住民集団，現代日本人によく見られる。この集団はシノドントと呼ばれ，歯は相対的に大きくて複雑な形をしている。これに対比されるのがスンダドントで，歯が全体として小さく，歯冠や歯根の形が単純とされる。太平洋や東南アジアの集団，アイヌ，縄文人がこのグループに含まれる。前者のシノドントに特徴的な高頻度のシャベル状切歯は，エクトジスプラシンA受容体（EDAR）遺伝子の多型「EDAR V370A」と関連したことが分かっている。この多型は汗腺密度や乳腺管分岐にも関与しており，それが寒冷地において適応的だったのではないか，と推測されている。特に，乳腺管分岐の増大により，母親から乳児への栄養補給が増大すると予測される。この変異が生じたと推定されている3万～2万年前において，乳児は母乳を通じてビタミンDを摂取するしかないので，乳腺管分岐の増大をもたらす「EDAR V370A」は高緯度地帯において適応的だったのではないか，と考えられる。シャベル状切歯自体は特に適応度を高めたわけではなく，シャベル状切歯関連遺伝子が関与する別の表現型，つまり乳腺管分岐の増大をもたらす効果により，正の選択で孤立した集団において定着し，その結果，シャベル状切歯が高頻度で定着した可能性が指摘されている。

また，ホモ・サピエンスが登場して以降，特に新石器革命に伴う本格的な農耕の進展に伴い顕著な変化が歯に見られる。口腔衛生状態の悪化である。すべての地域で見られるわけではないものの，特にアメリカ大陸においては，トウモロコシ農耕の開始に伴い齲蝕（うしょく）頻度の上昇が顕著に認められる。最近歯科医学の分野でも注目されているように，口腔内の衛生環境は体全体の健康状態と関連性が高い。不健康な口腔状況は，心内膜炎，心臓血管疾患や早産，低出生体重，糖尿病，エイズ，骨粗鬆（しょう）症，アルツハイマーに至るまであらゆる種類の疾患や疾病と関連づけられている。

Case Study ｜ ケーススタディ 4

## 抑制カスケードモデル
### 親知らずはどの動物でも小さい？

　生物が何を食べてきたかについては，大臼歯の相対的なサイズの違いによっても分かるのではないか，という研究がある。マウスの歯を使った発生実験から提唱された抑制カスケードモデルがそれにあたる（Kavanagh et al. 2007）。マウスの第二大臼歯を第一大臼歯から切り離して培養すると，第一大臼歯と一緒に培養するよりも成長が速くなり，結果として歯は大きくなる。このことから，2番目以降の歯は，先にできた歯胚からの抑制因子と周りの間葉組織からの活性因子のバランスによって歯の大きさが決まる，とされた。このモデルでは臼歯の相対サイズとして，第一大臼歯の大きさ（M1と表記）を基準に，第二，第三大臼歯の大きさ（M2，M3）は，抑制因子と活性因子の強さの比に基づく相対的な大きさとして次のように定式化される：$y = 1 + [(a - i) / i](x - 1)$。ここで，yは咬合面積から推定される相対的な大臼歯の大きさ，xは大臼歯系列における大臼歯の位置（1〜3），aとiはそれぞれ活性化と抑制の相対的な強さである。活性化と抑制のバランスがとれると（$a \approx i$），三つの臼歯の大きさは等しくなり（$M1 \approx M2 \approx M3$），抑制が強くなると（$a < i$）後方の歯が小さい，$M1 > M2 > M3$のパターンに，抑制が弱いと（$a > i$）逆に後方にいくほど歯が大きくなり$M1 < M2 < M3$のパターンとなる。またこの式から第二大臼歯の大きさが常に三つの大臼歯の大きさの総計の3分の1になることが分かる（$(M2 / (M1 + M2 + M3) = (a/i) / [1 + a/i + (2a/i - 1)] = 1/3$となる）。このモデルで具体的に働いている遺伝子群が何なのかについては，まだ解明されていないが，帽状期歯胚においてシグナルセンターとして働く一次エナメル結節から分泌される分子群が抑制因子の候補として考えられる。さらにもしこの発生システムがすべての哺乳類に共通するものであれば，活性化因子と抑制因子の比を変えるだけで異なる種における大臼歯の相対的な大きさのパターンを生み出すことができると考えられる。実際に齧歯類の場合では大臼歯間の大きさの多様性を75%近く説

明することができた。

この大臼歯の相対サイズの関係は食性と対応することが先行研究で示されている（Polly 2007）。草食動物では活性化因子が優位（大きなa/i比）で第三大臼歯が最も大きくなり，肉食動物では逆に抑制因子が優位（小さなa/i比）で第一大臼歯が最も大きくなる。興味深いことに，哺乳類13目を代表する35種の70％近くが，抑制カスケードモデルで説明できた。このモデルはホミニン化石でも検証されている（Evans et al. 2016）。アウストラロピテクスまでは基本的に遠心の歯ほど大きいが，第二大臼歯の位置でその拡大率が変化する。しかしホモ属になると，第一大臼歯の絶対的なサイズに依存してこの拡大率が変化する位置が第二大臼歯とは限らなくなるというように，抑制カスケードによる大臼歯の相対サイズとスケーリングの関係に変化が生じる。このことは一つの発生パラメータで乳臼歯と大臼歯の絶対的な大きさと相対的な大きさの両方を予測できることを示している。その後，さまざまな哺乳類種や霊長類種でこのモデルが本当に当てはまるのかが検証されたが，支持する結果もあれば，当てはまらない分類群も多く見出され議論が続いている。今後はサイズだけでなく，大臼歯の形状やその複雑性など他の形態パラメータでは抑制カスケードモデルは適応しうるのか，などさらなる検証が続けられていくだろう。

## Active Learning｜アクティブラーニング 4

**Q.1**

### 虫歯と生活様式の関係について考えてみよう

どのような生活様式だったら，虫歯は多くなるだろうか。たとえば，狩猟採集生活と農耕生活だと，どちらに虫歯が多いだろうか。

**Q.2**

### 歯の化石からわれわれの起源について考えてみよう

誰しもが一度はホモ・サピエンスの起源がアフリカだと聞いたことがあるかもしれない。しかし，それより前の時代はどうだろうか。チンパンジーとヒト系統が分かれた時代や，ホモ属が現れた時代を通じてわれわれはずっとアフリカにいたのだろうか。歯の化石からこれらのトピックについてどのようなことが分かるだろうか。

**Q.3**

### 歯に加わる自然選択について考えてみよう

ホモ・サピエンスになって以降も自然選択は歯に働いているのだろうか。石器や，火の使用によってわれわれの歯自体に対する自然選択の圧力は弱まっているのだろうか。

**Q.4**

### 歯の治療の歴史を調べてみよう

われわれの身の回りにはたくさんの歯科医院がある。そこで治療されているのはどのような病気なのだろうか。病気の種類や頻度はヒトの進化史的な観点からすると，どのような変遷が見られ，積極的な治療はいつ頃始まったのだろうか。

第5章

# 採食技術

## 食べる工夫が進化を促す

田村大也

箸，皿，包丁，まな板，フライパン，鍋，ガスコンロ，冷蔵庫，ミキサー……。現代社会を生きるわれわれの周りは，食べるための道具であふれている。これらは人類がいかに効率よく食物を獲得するかを追求した努力の結晶である。しかし，その存在が当たり前すぎて，それが人類進化の鍵を握る「採食技術」の延長であることは，あまり意識されていない。人類は採食技術を駆使することで，食物のレパートリーを増やし，エネルギー摂取効率を高め，分布を拡大し，そして繁栄に成功した。実は，野生下で暮らす非ヒト霊長類も，驚くほど洗練された技術を使って多種多様な食物を獲得している。道具を使うものもいれば，手や口だけの巧みな操作で食物を処理するものもいる。こうした技術もまた，彼らの生存に大きな影響を及ぼし，知性の進化を促したと考えられている。しかし，そんな中で，なぜヒトだけがこんなにも繁栄しているのだろうか。ヒトと非ヒト霊長類を隔てるものは何なのだろうか。非ヒト霊長類，初期人類，そしてわれわれヒトの採食技術とその変遷を見ていくことで，何かヒントが得られるかもしれない。食物への飽くなき探求は，変動する環境を生き抜き，進化に成功するための基盤である。それでは，霊長類の食べる技をご覧いただこう。

KEYWORDS #摘出型採食 #道具使用 #基盤使用 #石器 #火の使用

# 1｜食物をどうやって食べるか

・

### 隠れた高栄養な食物を食べる――摘出型採食

霊長類は自然環境において，多種多様な食物を食べて日々を暮らしている。霊長類の食物リストにあがる種類は幅広く，果実，葉，花，茎の髄(ずい)，根，塊茎(かいけい)・塊根，樹皮，樹液・樹脂，昆虫，両生類，爬虫類，哺乳類などあげればきりがない。霊長類が食べるこれらの食物は，程度の差はあるものの，大きく二つのタイプに分けることができる。食べるのが簡単な食物（easy-to-eat food）と処理が難しい食物（difficult-to-process food）である。

前者には，樹木の葉や液果，地面に生える草などがあてはまる。これらの食物の摂取は，食物に手を伸ばす，つかむ，口に運ぶ，という単純な動作の繰り返しで達成される。見つけさえすれば，誰でも容易に摂取できる食物である。では，処理が難しいとはどのような食物のことを指すのだろうか。硬い殻をもつナッツ類，棘に覆われた果実や葉，巣に隠れる虫などがそれにあたる。これらの食物は，食べる部位（可食部）が他の物質に覆われているため，可食部を摂取するためには事前に何らかの処理操作を施さなければならない。

事前の処理操作によって物理的障壁を取り除き，可食部を取り出して食べる行動を摘出型採食（extractive foraging）と呼ぶ（Gibson 1986）。摘出型採食で摂取される食物には，比較的栄養価が高いという特徴がある。栄養価が高い食物は動物に狙われやすいため，被食を防ぐためのさまざまな防御システム（殻や棘をもつ，隠れるなど）を発達させている。これらの防御システムが，霊長類にとっては摂取を難しくさせる物理的障壁になる。しかし裏を返せば，その障壁さえ突破できれば，高栄養な食物にありつくことができる。では霊長類は，どのようにして食物のさまざまな物理的障壁を克服し，摘出型採食を達成しているのだろうか。

・

### 体の形を変える――形態的適応

摘出型採食を達成するための方法の一つは，食物がもつ物理的障壁の性質に合わせて体を特殊化させること，すなわち形態的適応である。食物は口に入れて咀嚼して摂取するのだから，形態的適応は歯や顎の形に現れることが多い（第4章も参照）。

西アフリカに生息するスーティーマンガベイは，エナメル質の厚い頑丈な歯と強靭な顎をもつが，この形態は硬い食物の摂取に適している。この種では，採食時間の55%以上を使って，ナッツ類の硬い殻を割り可食部である仁（胚と胚乳）を取り出して食べている。ナッツ類への同様の形態的適応は，南米に生息するサキ・ヒゲサキ類でも見られ，彼らはSeed predatorとも呼ばれる。同じく南米に生息するマーモセット類は，ノミ状の長い下顎切歯（かがくせっし）というユニークな歯の形態をもつ。マーモセット類は樹液や樹脂を主食としており，長い下顎切歯は樹木の幹に穴を開けて樹液や樹脂を滲出（しんしゅつ）させるのに役立っている。最後に，最も特異的な形態的適応を遂げたアイアイを紹介したい。マダガスカル島に生息するこの霊長類は，大きな耳，長い切歯，そして異様に細長い中指という，実に奇妙な形態をもつ。これらの特殊化した形態は，木の幹に潜む幼虫を探し出して食べるときに活躍する。アイアイは夜になると木に登り，細長い中指で幹の表面を叩く。このとき，大きな耳の感覚を研ぎ澄ませ，幼虫が幹に作る空洞によって微かに変わる音や，タッピングに刺激された幼虫が動く音を感じ取る。幼虫の存在を察知すると長く頑丈な切歯で幹に穴を開ける。そして，再び細長い中指を使って，開けた穴から幼虫をほじくり出して食べるのである。

このように，一部の霊長類は体を特殊化することによって，物理的に防御された高栄養の食物を取り出すことに成功している。こうした形態的適応によって，同じ地域に生息する他種が獲得できない食物を効率よく利用し，種間の採食競合を回避していると一部の種では考えられている。

・

### 食べ方を工夫する――採食技術

霊長類の中には，食べ方を工夫すること，すなわち採食技術（feeding technique）を用いることで摘出型採食を達成するものもいる。第2節以降で取り上げる行動を明確にするため，本章では採食技術を以下のように定義する。

「明らかな形態的適応に依拠せず，単一または複数の操作によって可食部を覆う物理的障壁を取り除き，食物摂取を達成する一連の行動」。

それでは，採食技術による摘出型採食の達成は，霊長類にどのような恩恵をもたらすのだろうか。

第一に，採食技術は食物レパートリーの拡大をもたらす。形態的適応は特定の食物の摂取に対して絶大な効果を発揮する。しかし，特殊化した形態は他の食物の摂取を試みるときの制限要因にもなりうる。一方で，採食技術はしばしば形態的な制約を補う形で革新され，持ち前の形態では通常得るのが難しい食物の摂取を可能にする。つまり，採食技術を革新できれば，形態に関係なく，潜在的には食物となりうるあらゆるものを摂取できるようになるといえる。採食技術の革新による食物レパートリーの拡大は，生息環境が変化したときや，新たな環境に進出するときに多大な恩恵をもたらすだろう。

第二に，採食技術は採食の効率化をもたらす。食物の物理的障壁は何らかの力を加え続ければ，いつかは取り除かれる。しかし，採食に使える時間は限られている。一つの食物に時間をかけていると，他の食物を他個体に取られてしまうかもしれない。霊長類を含む野生動物にとって，効率的な採食は常に付きまとう重要課題である。採食技術を使えば物理的障壁をすばやく取り除き，可食部を効率よく入手することが可能になるだろう。

食物レパートリーの拡大も採食の効率化も生存に有利に働くはずである。採食技術で高栄養な食物を得ることができる個体は，健康状態が向上し，長生きし，多くの子孫を残すことができるだろう。すなわち，採食技術の有無が選択圧となって進化に影響を与える可能性がある。この点については，本章の最後で改めて触れたいと思う。まずは，非ヒト霊長類が自然環境の中でどのような採食技術を用いて食物を獲得しているのか，その巧みな技を紹介していく。

## 2｜非ヒト霊長類の採食技術

### 道具を使った採食技術

非ヒト霊長類の採食技術で代表的な行動は道具使用（tool use）である。かつては，道具の作製と使用は人類に特有の生物学的特徴であると考えられていた。しかし，1960年代以降，野生チンパンジーの報告を皮切りに，野生の非ヒト霊長類も道具を使うことが報告されるようになる。今日では，自然環境において非ヒト霊長類が道具を使うことは広く知られている（Shumaker et al. 2011）。

写真5-1　野生チンパンジーの道具使用の様子。枝を使って樹幹の中のオオアリを釣っている（中村美知夫撮影）

ここで道具使用の定義を確認しておきたい。道具使用にはさまざまな定義があるが，最も頻繁に用いられるのはベンジャミン・B・ベック（Beck 1980）の定義である。元の定義は非常に回りくどく分かりにくいのだが，要点は以下の3点である。①切り離された物体を保持・運搬すること，②その物体を適切かつ効果的に操作すること，③その操作によって対象物または操作者自身の形・姿勢・状態を効率的に変化させること。それでは，これら三つの条件を満たす，野生の非ヒト霊長類が行う道具使用の具体例を見ていこう。

大型類人猿のチンパンジーは，道具の巧みな使用者として非ヒト霊長類の中では抜きん出ている。地域によって行動の違いはあるが，あらゆる調査地で何らかの道具使用が確認されている（第14章も参照）。西アフリカのチンパンジーは，石のハンマーでナッツ類の硬い殻を器用に打ち砕く。さらに，ナッツを石の台座に載せ，台座の下に別の小さな石を噛ませて安定させ，石のハンマーで叩き割るという，三つの道具を組み合わせることも知られている。東アフリカのチンパンジーは小枝をシロアリ塚の穴に差し込み，中に隠れているシロアリを引きずり出して食べるシロアリ釣りを行う（写真5-1。ただしこの写真はシロアリではなくオオアリを釣っている様子である）。さらに，シロアリ釣りを始める前に，樹から枝を折って葉を除去し適当な長さに調整するという，道具の作製も行う。その他にも，アブラヤシの髄やサルの骨の骨髄を食べるとき，木の洞に溜まった水を飲むときなどにも道具を使うことが知られている。

大型類人猿ではオランウータンでも頻繁な道具使用が見られる。オランウータンはボルネオ島とスマトラ島に生息しているが，スマトラ島でのみ道具使用が見られる点は興味深い。スマトラ島のオランウータンはネーシアという果実の種子を食べるときに道具を使う。ネーシアの種子は50%以上が脂質であり極めて栄養価が高い。ネーシアの果実は，熟すと硬い殻が裂けて中の種子が見えるようになる。しかし，亀裂の内側は細かな鋭い毛がびっしりと覆っていて，素手でこじ開けるわけにはいかない。そこでオランウータンは，まっすぐな小枝を口にくわえて亀裂に差し込み，小枝と果実を器用に動かして種子を取り外し，亀裂から出てきた種子を食べる。道具を使うことで，鋭い毛に触れることなく栄養豊富な種子を獲得できるのである。季節によっては1日中，道具を使ってネーシアの種子を食べることもあるという。この他にも，口でくわえた小枝を使って蜂蜜を採ることもある。オランウータンの道具使用では，道具を口でくわえて操作するという特徴がある。口での道具の操作は，霊長類ではヒトとオランウータンに特異的な行動パターンであると考えられる。

大型類人猿以外では，南米に生息するヒゲオマキザルとアジアに生息するカニクイザルで日常的な道具使用が見られる。彼らが使うおもな道具は石のハンマーで，ナッツ類や貝類の硬い殻を叩き割るのに用いる。ヒゲオマキザルはヤシの実やカシューナッツの殻を割るのに石の台座とハンマーを使う。カシューナッツの殻には皮膚に炎症を引き起こす液体が含まれるため，道具使用は食物の物理的防御だけでなく，化学的防御の回避にも役立っているといえる。カニクイザルは磯に住むカキや巻貝，カニを食べるために石のハンマーを用いる。興味深いのは彼らの石選びと使い方である。カキに対しては小さな石の尖った部分で繰り返し叩いて殻を割るが，巻貝やカニに対しては大きな石の広い中央部を使って押しつぶすようにして殻を割るという。獲物と道具の両方の性質を理解したうえで道具を使い分けているようだ。

これらの種以外にも道具使用は報告されているが，逸話的な事例が多く，彼らの暮らしの中での道具の重要性は定かではない。しかし，大型類人猿，オマキザル，カニクイザルという異なる系統で道具使用が見られること，他の種でも飼育下では多様な道具使用が見られることは注目に値する。これらの事実は，非ヒト霊長類では一部の種に限らず，多くの種が道具を使うための潜在的な能力を有している可能性を示唆している。自然環境でもわずかな条件が揃えば，さまざまな種で道具使用が発現するのかもしれない。

・・

### 基盤を使った採食技術

野生の非ヒト霊長類では，道具使用のように切り離された物体を使うのではなく，固定された物体の性質を使う採食技術も見られる。このような行動は基盤使用（proto tool use/ object use/ substrate use）と呼ばれ「対象物（食物）を直接手で持ち，それを固定された物体（基盤）の何らかの性質を利用して変化させる行動」と定義される（山越 2001）。基盤には岩や石，樹幹や太い枝などが含まれ，砂や水を基盤と見なす場合もある。

野生下における基盤使用の名手はヒゲオマキザル，フサオマキザル，ノドジロオマキザルなど南米に生息するオマキザル類である。これらの種では，ナッツ類，毛虫，脊椎動物などの食物を樹幹や太い枝，岩などに叩きつけたり，擦りつけたりしてから食べる行動が見られる。カニクイザルやブタオザルでは，サボテンや毛虫を砂や落ち葉の上で擦りつけ，棘を除去してから食べる行動がある。カニクイザルでは，ココナッツの実を硬い地面に叩きつけてから，歯を使って繊維質の皮を除去する行動が報告されている。また，完全な自然環境ではないが，餌付けされたニホンザルでは，砂や土で汚れたサツマイモや草の根を海水や川の水で洗って食べる行動があり，基盤使用の一例と見なせるだろう。近年では，中部アフリカに生息するチンパンジーが，リクガメを手に持って樹幹に叩きつけて腹甲を割り，肉を取り出して食べる行動が報告されている。

基盤使用では，叩きつける，擦る・転がす，洗う，という行動パターンがおもな操作として発現する（Yamakoshi 2004）。野生の非ヒト霊長類は食物の性質に合わせて，周囲に存在する基盤とこれらの行動を組み合わせることで，持ち前の形態のみでは困難な，またはおそろしく時間がかかる（たとえば，毛虫の毛を1本ずつ摘まんで抜く）物理的障壁のすばやい除去を可能にし，高栄養な食物の摘出型採食を達成している。

## 道具や基盤を使わない採食技術

道具使用と基盤使用は，体以外の物質を使うという点で技術として分かりやすいが，非ヒト霊長類は自身の体のみを使った巧みな採食技術を見せることもある。最も顕著な例が，マウンテンゴリラによる鋭い刺毛をもつ草本類（アザミやイラクサ）の採食行動である。ゴリラでは数例の逸話的事例を除き，野生下での道具使用や基盤使用の報告はない。しかし，彼らの大きな手は，意外にも微細で精巧な操作を得意としている。ゴリラによる草本類の採食技術は，19の手指操作を組み合わせた6段階の階層構造で構成される。処理の過程では，両手や各指が異なる機能を果たさなければ達成できない段階がある。また，不要な段階は飛ばし，特定の段階は複数回繰り返すなど，状況に応じた柔軟な処理過程の組み替えを行う。こうした手指のみによる精巧な採食技術により，ゴリラは手や口と刺毛との接触を最小限にしつつ，可食部である葉身の摂取を増大させることに成功している（バーン 2018）。

ニホンザルは手と口の操作を組み合わせた採食技術を用いる。宮城県金華山島のニホンザルは，秋になるとオニグルミの硬い殻を臼歯で噛み割り，脂質が豊富な仁を取り出して食べる。力任せに割っているようにも見えるが，詳細な調査によって，身体的成熟に達してもクルミを割れない個体が複数いることが明らかになった。こうした個体の存在は，クルミを割るためには，十分な咬合力だけでなく採食技術の獲得が必要であることを物語っている。また，クルミを割れる個体を詳細に観察すると，①クルミを噛む，②噛み痕を目視する，③クルミを回転させる，④左右の顎を入れ替えて噛む，という四つの操作を組み合わせることでクルミを効率的に割っていることが分かった（Tamura 2020）。さらに近

写真5-2　宮城県金華山島の野生ニホンザルがオニグルミを臼歯で噛み割っている様子（筆者撮影）

年，長野県上高地のニホンザルが，冬に川の石をひっくり返して石に付着する川虫を食べること，さらに驚くべきことに，川で泳ぐ魚を素手で捕まえて食べることが報告された（Takenaka et al. 2022）。詳細な調査はこれからであるが，川の中に隠れる虫を効率的に見つけたり，水中をすばやく泳ぐ魚を捕えたりするには，何らかの技術が必要であることは間違いないだろう。

ここで紹介したゴリラとニホンザルには，多様な環境に分布しているという共通点がある。ゴリラは標高3500mの寒冷な山地林から温暖湿潤な熱帯低地林まで分布する。ニホンザルは，南は亜熱帯の鹿児島県屋久島から北は冷温帯の青森県下北半島まで分布し，標高1500mの上高地にも暮らしている。ゴリラやニホンザルが多様な環境で生き残ってきた背景には，体毛などの形態的適応が一つは貢献している。それに加え，多様な食物を獲得する能力，すなわち採食技術の革新という行動的適応も重要な役割を果たしたのかもしれない。

## 3｜採食技術の人類史と人類進化

### 第一の技術革命――石器の使用

最後に人類が辿ってきた採食技術の変遷を見てみよう。現代人は多種多様な道具（調理器具）を使って日々の食事に勤しんでいる。むしろ，道具を使わずに食事をする方が難しいかもしれない。つまり，採食技術の人類史において，最も重要な役割を果たした変化の一つは道具の発明であるといえる。

人類が使っていた最古の道具の証拠は石器である。260万～250万年前に登場するオルドワン石器は，丸石を打ち割ってできる刃をもつだけの比較的単純な構造だが，これが人類初のナイフとなる。これと同時期に，石器による切り傷や叩き割られた痕がある動物骨が見つかることから，人類が石器を使って本格的な肉の摂取を始めたと考えられている。この頃の人類は屍肉食をしていたと思われるが（第6章も参照），石器を使うことで他の肉食獣が来る前に手際よく肉を剥ぎ取ったり，骨を叩き割って骨髄を取り出したりすることを可能にしたことだろう。石器の使用によって肉食の効率は格段に高められ，人類の食物リストに哺乳類の肉が本格的に加わったのである。オルドワン石器以降，人類はさらに精巧な石器を作るようになり（第14章も参照），狩猟など他の用途にも使うようになった。このように人類の食事，特に肉食に大きな変化をもたらした石器は，人類史における第一の技術革命と呼ばれる。

人類の食事に大きな変化をもたらしたもう一つの技術は漁である。われわれの祖先はある時期から魚を食べ始めたのだ。人類が魚を獲るのに使った道具は石器ではなく骨器であったらしい。骨は石よりも弾力性に富み整形の自由度が高い。人類はこの性質を使い，約9万年前からかえしのついた骨製尖頭器を作り，銛で突く方法で魚を獲り始めたと考えられている。新石器時代以降になると，骨で作った釣り針，網，罠といった道具も登場し，漁の効率はさらに向上したことだろう（海部 2005）。通常，霊長類では魚が主要な食物になることはない。上高地のニホンザルは珍しい例だが，彼らの魚食を支えているのは何らかの技術とそれを可能にする身体能力だろう。しかし，体が大きくなり直立二足歩行で敏捷性が低下した人類にとって，水中をすばやく泳ぐ魚を素手で捕まえるのは至難の業である。魚を効率的に獲るためには，劣る身体能力を補って余りある道具が必要だったに違いない。数々の効果的な漁の道具を発明した人類は，哺乳類の肉に加え，魚を食物リストに加えることに成功したのである。

このように，道具の使用は人類の食事に大きな変化をもたらした。しかし，非ヒト霊長類も採食に道具を使う。では，人類と非ヒト霊長類を分けるポイントは何なのだろうか。それは道具を意図的に作製し，目的に応じて加工する能力の差である。実は，オマキザルが石を叩きつけるとき，オルドワン石器のような剥片が意図せずとも作り出されることが分かっている（Proffitt et al. 2016）。もしかすると，人類の石器も最初は偶然の産物だったのかもしれない。しかし，これは人類とオマキザルが同等の存在であることを意味しない。オマキザルが剥片に見向きもしないのに対し，われわれの祖先は剥片の有用性に気づき効果的に使い始めたのである。その後，人類は剥片を意図的に作り出し，さらには目的に合わせて加工した。オルドワン石器のような単純な道具は，約100万年後には精巧にデザインされ加工されたアシューリアン石器となった。そして，青銅器，鉄器，プラスチック器などを経て，今日の多種多様な調理器具の発明に至る。そう考えると，人類と非ヒト霊長類を隔てる，道具の使用と作製・加工の能力の歴然とした差が理解できるのではないだろうか。

・・・

## 第二の技術革命——火の使用

非ヒト霊長類にはなく，人類のみが獲得した特有の採食技術がある。火の使用と調理である。人類が意図的に火を使い始めたのは，少なくとも40万～35万年前といわれている。約200万年前の遺跡にも火の使用の痕跡が見られるが，自ら火を起こしたのか，自然火を機会的に使用したのかは定かではない。いずれにせよ，火を使った調理は人類の食物事情に偉大な恩恵をもたらした。最も顕著なのは，食物が軟らかくなりエネルギーの摂取効率が格段に高まったことである。今日では，健康の観点から生の食物の摂取を好む人もいるが，肉も野菜も生のままだと消化にエネルギーを使うため，エネルギー摂取効率が悪い。そこで人類は，食物を火で調理することで，胃の中で行うはずだった消化という重労働を軽減できることを発見した。加熱調理により，同じ食物からより多くのエネルギーを引き出すことに成功したのだ。これまで石器を使うことで食物の物理的障壁を克服してきた人類は，今度は火を使うことで消化という生理的障壁を克服するに至ったのである。

また，火の使用によって食物レパートリーのさらなる拡大も起きただろう。加熱調理には有毒物質を分解し，菌を殺す効用があるためだ。毒のある食物は他の動物に食べられるリスクが少ないため，食料の保存の観点からも加熱調理は人類に有益だったと思われる。また，利用可能な食物が増えたことで，環境が異なる新たな地域への進出も後押しされたと考えられる。

霊長類学者のリチャード・ランガムは，形態学・考古学・生理学・生態学の証拠を総合して，人類が火を使った調理を始めたのは約190万～180万年前のホモ・エレクトスの時代であると主張している（ランガム 2010）。この時代に，食物，特に肉の加熱調理によるエネルギー摂取の効率化により，脳へのエネルギー供給が高まり脳容量は増大した。また，ホモ・エレクトスはアフリカを出て，世界に分布を広げていった最初の人類であるが，それを可能にしたのも火の使用による食物レパートリーの拡大であったのかもしれない。このように，人類に大きな恩恵を与えたに違いない火の使用は，人類史における第二の技術革命と呼ばれる。

・・・

## 採食技術と知性の進化

最後に，採食技術が霊長類の知性の進化を促した可能性を紹介したい。ここまで，食物がもつさまざまな物理的障壁を取り払うための巧みな技術を見てきた。こうした採食技術の発現は，実は高い知性に支えられている。直接目に見えない所に食物があると感じる洞察力，それを取り出すための方法を工夫する創造力，そして実際に取り出して新たな食物とする革新力。採食技術による摘出型採食は，これらの能力をもつ賢い種や個体が達成できる。さらに，摘出型採食で得られる食物は高栄養であるため，こうした能力は個体の生存に有利に働く。また，賢い個体は環境が変化しても，新たな食物を開発して生き延びることができるだろう。そして，その高い知性は子孫へと受け継がれる。このようにして，霊長類の知性が進化したとする考えを摘出型採食仮説と呼ぶ（Parker & Gibson 1977）。この仮説は社会脳仮説（第12章も参照）の登場によって注目されなくなった。しかし，近年の詳細な再分析により，各種霊長類の摘出型採食の程度と脳サイズの正の相関が示されたことで，霊長類の知性の進化を説明する一説として，改めて評価する動きもある（Parker 2015）。

採食技術を支える知性は人類進化とも無関係ではない。乾燥化でサバンナが広がり始めた約270万年前のアフリカで，二つの初期人類が進化の岐路に立たされた。パラントロプス属と初期ホモ属である。前者は頑丈型猿人と呼ばれ，大きな歯と頑丈な顎，強靭な咀嚼筋でサバンナ植物の種子や根など，硬い食物を専門的に食べていた。一方，初期ホモ属は石器を使いながら，肉を含む多様な食物を摂取し，柔軟な食性の道を歩んだ。そして，ホモ属がアフリカを出て世界に進出した一方で，頑丈型猿人は約120万年前に地上から姿を消した。ホモ属は高い知性に支えられる採食技術で環境変動を生き抜くことができたが，パラントロプス属の強靭な肉体ではそれは叶わなかったのである。初期人類のこうした進化の歩みは，サバンナ仮説や多様性選択仮説の名で知られている（アンガー 2020）。採食技術は非ヒト霊長類，そして人類の進化にも多大な影響を及ぼしたのである。

Case Study | ケーススタディ 5

# 霊長類の利き手と採食技術
## 右利きの進化的起源に迫る

ヒトの約90％は右利きである。これは通文化的なヒトの生物学的特徴の一つといわれている。では，なぜヒトでは右利きが多いのだろうか。利き手という極めて身近な現象であるにもかかわらず，実はまだ確かな答えは得られていない。右利きの進化は人類学における未解決問題の一つでる。

そもそも，人類はいつ頃から右利きが増えたのだろうか。これもよく分かっていない。利き手という行動パターンは，化石や石器，遺跡にはなかなか残らないからだ。しかし，いくつかの考古学的証拠がヒントを与えてくれている。たとえば，歯についた傷の位置や方向はどちらの手で食物を持っていたかを暗示する。石器の形からどちらの手を使って作製したかを再現できる。洞窟の壁画から芸術を楽しんだ手はどちらかを知ることができる。さまざまな証拠から，約10万年前のネアンデルタール人の時代には，右利きが優位であったことは有力であるようだ（Cashmore et al. 2008）。しかし，それ以前に右利きが進化していたのか，そしてなぜ右利きが進化したのか，その要因を知ることは難しい。

右利きの進化的起源は，言語の獲得と関連していると古典的には考えられていた。ヒトの大脳は右脳と左脳に分かれ，左脳が右半身を制御している。左脳には発話を司るブローカ野が存在する。ヒトは言語（左脳）で考えたことを行動に移すため右手が優位に動くという考えだ。この説に従うと，言語はヒトに特有な行動であるため，必然的に右利き優位もヒトに特有な現象であると考えられてきた。

しかし，ヒト以外の動物，特に非ヒト霊長類の研究が進むと，彼らにも利き手のような，使う手の好みがあることが報告されるようになった。そして，言語をもたない彼らに利き手があるのなら，その起源は言語以外にあるだろうと考えられるようになったのである。現在では，いくつかの代替仮説が提示されている。二足歩行，ジェスチャー，道具使用，両手協調操作などである。右利きの進化的起源を解明するために，非ヒト霊長類がどのような行動を行うときに使う手の好みが現れるのかが注目されるようになった。

ここで登場するのが採食技術である。道具使用や両手協調操作は採食技術の中で現れやすいためだ。今日まで，さまざまな非ヒト霊長類で採食技術に着目した調査がなされている。チンパンジーの道具使用では，各個体に好みの手があることは分かった。しかし，右手を好む個体が多いかというと，研究によってそうであったり，なかったりする。一方，ゴリラは比較的一貫した傾向を示している。ゴリラは道具を使わないため，両手を協調的に使うだけの採食技術が対象である。ゴリラでは両手協調操作を伴う採食をするときに，多くの個体が右手で細かい操作をする傾向が見られている。近年の野生ゴリラの研究では，アフリカショウガという草本植物を採食するとき，21個体中15個体が右手で細かい操作をしていることが分かった（Tamura & Akomo-Okoue 2021）。

では，右利きが優位になった時代は約1000万年前のゴリラとヒトの共通祖先までさかのぼり，その進化を促したのは両手協調操作にあったといえるのだろうか。答えはそう簡単に得られるものではない。そもそも調べたゴリラの個体数が少なすぎる。さらに，他の行動でも右手を好んで使うのかも分からない。ヒトと同等の右利き優位が存在するというには，大多数のゴリラがさまざまな行動で一貫して右手を好んで使うことを示さねばならない。不可能ではないが，先の遠い骨の折れる作業である。ヒトの右利きの進化的起源は，まだまだ未解決問題であり続けそうだ。

## Active Learning　アクティブラーニング5

**Q.1**

### あなた自身や周囲の人の“道具を使わない”採食技術を探してみよう

現代社会の人々は何かしらの道具を使って食事を摂っている。しかし，道具を使わないで食べることもあるのだろうか。あるとしたら技術と呼べるようなものがあるだろうか。いろいろな食物を見て，道具を使わない技術を探してみよう。

**Q.2**

### 身の回りにいる動物が見せる採食技術を探してみよう

霊長類以外の動物にも採食技術はあるのだろうか。動物園の動物や，公園のハト，飼っているペットをよく観察してみよう。

**Q.3**

### 霊長類とそれ以外の動物の採食技術の違いを考えてみよう

Q.1とQ.2で見つけた採食技術に，ヒト（霊長類）とその他の動物ではどのような違いがあっただろうか。そしてその違いはなぜ生じているのだろうか。体の形や暮らしている環境から，その理由を考えてみよう。

**Q.4**

### 人類進化に影響したと思う食物や採食技術を議論してみよう

概説では「肉食」「魚食」「石器の使用」「火の使用」を人類の食物事情に起きた大きな変化として紹介した。これら以外に，人類進化の過程において重要な役割を果たした変化はあるだろうか。その理由も一緒に考えて議論してみよう。

第6章

# 狩猟と肉食
## ヒト以前の肉食が人類進化にもたらしたもの

保坂和彦

現代の日本に生きる私たちは，ホモ・サピエンスの歴史を考えると，奇妙な生活をしているといえるかもしれない。少なくとも1万年前頃までに，狩猟採集生活に適応した体と心を進化させてきたはずだ。今や狩猟に従事する人は圧倒的少数派だ。にもかかわらず，多くの人が毎日のように肉を食べる。

狩猟が身近でなくなったため，私たちの多くは「動物を殺さなければ肉は獲得できない」という現実を忘れたまま，スーパーで切り身の肉を買っている。一方，人間と動物の近さを認識する人が増えたり，地球環境への畜産業の負荷が深刻になったりして，肉食習慣を減らそうと努力する人も増えている。

「チンパンジーがサルを狩り，その肉を生のまま食べる」と話したり，映像を見せたりすると，嫌悪感を示す人が少なくない。私たちに似た動物の狩猟に同種殺しに似た感覚を覚えるらしい。しかし，「肉とは何か」「狩猟・肉食はいかにしてヒトの進化に影響したのか」という問いに向き合い，サルやチンパンジーのしていることを直視してほしい。きっと，これまでとは違う肉という魅力的な食物への関心が生まれ，私たちの体や社会性の起源に対する新しい見方が得られるに違いない。

KEYWORDS #霊長類 #チンパンジー #初期ホモ属 #狩猟 #肉食 #屍肉食

# 1｜人類以前の狩猟・肉食

・

## 狩猟・肉食とは何か

人間を含むあらゆる動物は，生きるために，他の生物の命を奪ってその体を食べる必要がある。しかし，「レタスを殺して食べる」という表現はしっくりこない。やはり，「殺して食べる」という表現は，逃げたり抵抗したりしようとする動物を捕まえて動けなくしてから食べるときに使うものであろう。この章では，動物の「狩猟」をそのようなものとして捉え，道具を使うかどうかにかかわらず，「肉食するために動物を捕まえて殺す行為」として定義する。

では，その「肉食」とは何であろうか。霊長類学に限っても答えは定まらない。最も狭い意味では，哺乳類の肉や臓器などを食べることをいう。最も広い意味では，脊椎動物全般の肉（骨や卵を含む）を食べることをいう。

霊長類は，昆虫類・甲殻類・貝類などの無脊椎動物も食べるが，霊長類学では通常，これを肉食とは呼ばない。特に昆虫食は多くの霊長類にとって重要であり，栄養摂取や道具使用（詳しくは第5章を参照）などさまざまな側面で，肉食とは別に論じられてきた。生態人類学でも，昆虫の捕獲に「狩猟」という語は使わず，植物性食物や蜂蜜を獲得するときと同じ「採集」という語が使われる。一方，動物生態学では，狩猟も採集も「捕食」という語で統一できる。

また，すでに死んでいる動物の肉を入手して食べることは「屍肉食（スカベンジング）」と呼ぶ。霊長類の屍肉食は非常にまれであり，特に腐肉食の観察は皆無である。

・

## どのような霊長類が肉食し，何を食べるのか

ワッツ（Watts 2020）によると，12科・39属以上・89種以上の霊長類で肉食が報告されている。肉食の報告が多い系統群は，オマキザル類，ヒヒ類，チンパンジー属類人猿（チンパンジー，ボノボ）である。オマキザル以外の広鼻猿類（こうびえんるい）では，マーモセット類18種で肉食が報告されている。ヒヒ以外のオナガザル類では，ブルーモンキーやニホンザルなど22種で肉食が報告されている（分類については序章の図0-1参照）。

霊長類はどんな動物を食べるのか。報告数としては鳥類が最も多い。ただし，

ほとんどは雛や卵を巣から盗み取る行動であり，狩猟というよりは採集である。次いで爬虫類，両生類，小型哺乳類の順に多いが，いずれも偶然遭遇した獲物が逃げる直前につかみとる行動であり，機会的な狩猟と見なすことができる。

魚食の報告は非常に少ない。カニクイザルは水生環境に棲む甲殻類や貝類を食べることがあるが，魚食については，魚狩り3事例が新奇行動として報告されたのみである。ニホンザルは，幸島群で1979年に新奇行動としての魚食が観察され，6年後には多くの群れ個体に広がった。これは波打ち際で死んだ魚を拾ったり人間が釣った魚を盗んだりしたものなので，狩猟でなく屍肉食である。ところが近年，上高地に生息するニホンザルが厳冬を乗り越えるために，サケ科魚類，水生昆虫類などを食べていることが明らかになった。この報告は糞中DNAを網羅的に調べるメタゲノム解析による研究であるが，実際にサルが川で魚狩りをする様子も観察されている（捕獲技術については第5章を参照）。

サバンナに生息するヒヒ類は，両生類から小型哺乳類までを中心に幅広く捕食し，レイヨウ類など大きめの哺乳類を狩ることもある。魚食は知られていなかったが，アヌビスヒヒが偶然遭遇した新鮮な魚の死体または死にかけた個体を回収して食べたという希少事例がある（Matsumoto-Oda & Collins 2016）。

類人猿の肉食は系統群による違いが大きい。テナガザルでは，鳥類やムササビの捕食がわずかに報告されているだけである。オランウータンでは，スローロリスや齧歯（げっし）類などの捕食がまれに観察される。アフリカ大型類人猿では，ゴリラは肉をまったく食べない一方で，チンパンジーはヒトに次ぐ高い頻度で肉を食べるという好対照をなす。ボノボも肉食するが，チンパンジーと比べるとはるかに低頻度である。また，チンパンジーは同所的に樹上性霊長類が生息していればこれを捕食するが，ボノボで霊長類食が観察されたのは一部の調査地だけであり，長期調査地として知られるワンバではウロコオリス1種だけが，もう一つの長期調査地ロマコではおもにダイカー類などが捕食されている。

類人猿の肉食についてあまり語られない特徴は，サルが鳥類に次いでよく食べる両生類や爬虫類を類人猿がめったに食べないことである。例外的に，ロアンゴ（ガボン）のチンパンジーは，カメを木に打ちつけて甲羅を割って食べる（Pika et al. 2019）。しかし，今のところ，カエルやトカゲを食べる類人猿はいないと言い切ってもよい。つまり，チンパンジーはヒトに次ぐ高頻度の肉食をするにもかかわらず，どの肉を食べるかについてはむしろ保守的である。食べ慣れない食物を口にすることは新奇食物の開拓につながる一方で，健康上のリスクを伴う。類人猿が棲む森林環境は，そうしたリスクを負ってまで肉を摂らずとも生存できる食物資源を安定供給してきたといえるかもしれない。

・

### 希少性と普遍性――なぜ肉を食べるのか

チンパンジーがよく肉食するといっても，人間のようにほぼ毎日肉食することはない。まして，他の霊長類の肉食はさらに低頻度である。ところが，たまにしか肉食しない霊長類であっても，肉への強い関心には普遍性がある。たとえば，ボノボのような類人猿どころか，オナガザルのロエストモンキーでさえ，めったにない肉食が起こると，肉の周りに個体が集まりチンパンジーがするような肉の覗き込みや肉の分配が観察されることがある（五百部 2018）。

なぜ霊長類は肉が好きなのか。生きていくうえで必要なエネルギーやタンパク質の供給源としては，肉は必須の食物ではなさそうである。まずエネルギー源については，果実の方が重要である。果実が欠乏する季節の代替食物として肉食頻度が上がるかという問いに取り組んだ研究は，否定的な結論となることが多い。たとえばノドジロオマキザルやチンパンジーは，むしろ果実が豊富な季節ほど盛んに肉食する。次にタンパク源についても，昆虫または若葉の方が重要である。一般的に霊長類の食性は，体が小さい種ほど果実食と昆虫食の組み合わせ，体が大きい種ほど果実食と葉食の組み合わせになる傾向がある。

一方，チンパンジーの集団狩猟の栄養要因として提唱されているのが「肉の欠片仮説（ミート・スクラップ）」である（Tennie et al. 2009）。樹上で逃げたり反撃に転じたりするサルを集団で追跡して捕まえて殺すには多くのエネルギーを費やす必要がある。肉分配で得られるわずかな肉の欠片ではエネルギーの出費に見合わない。しかし，わずかな肉の欠片でもミネラルやビタミン$B_{12}$のような微量栄養素の供給源としては貴重であり，集団狩猟を引き起こす要因となるという仮説である。ただし，昆虫食も微量栄養素の供給源となりうる（Rothman et al. 2014）。今後，肉食と昆虫食を栄養と行動の両面から定量的に比較する研究が進むことが期待されている。

肉の嗜好性を至近的に左右するのが味覚である。血抜きしていない生肉の塩味・旨味・脂味，どれが肉の美味しさを決めるのであろう。まず，約0.9%の食塩水相当の塩分を含む血の塩味は有力候補である。一般に植物食が中心の動物にとって塩分補給は常に課題となる。実際，他個体が樹上で食べている肉にありつけないチンパンジーが肉からしたたり落ちた血のついた葉を舐める姿をよく見かける。また，チンパンジーはエクリン腺の密度が比較的高く，発汗により塩分を失いやすい。マハレ（タンザニア）のチンパンジーは乾季後半に狩猟のピークを迎えるが，塩分欲求が影響しているのかもしれない。

次に旨味はどうだろう。実は，肉の旨味を直接美味しく感じる味覚はヒトを含む霊長類には進化していないらしい。旨味受容体遺伝子の系統比較研究によると，タンパク質源を昆虫食に頼る祖先型霊長類は昆虫に含まれるイノシン酸などのヌクレオチドの旨味に応答し，葉食に頼る新しい系統の霊長類は葉に含まれるグルタミン酸の旨味に応答する（Toda et al. 2021）。いわゆる熟成肉を食べる私たちの味覚では，筋肉のタンパク質が分解して生じたグルタミン酸と肉汁のヌクレオチドを相乗効果で強い旨味として感じている。ところが，生肉はグルタミン酸が豊富でないため，それほど美味しくないはずである。チンパンジーは，肉食時に葉を口に詰め込んで一緒に咀嚼する不思議な行動をする。すでに旨味の相乗効果を知っていて，それを引き出しているのであろうか。

## 2｜チンパンジーの狩猟と肉分配

### 肉の獲得手段，獲物の殺し方

チンパンジーはどのようにして肉を獲得するのか。ほとんどは狩猟であり，屍肉食はきわめてまれである。新鮮な動物の死体に遭遇した場合には食べることがあるが，そうした機会自体，森の中ではまれである。たとえば，ヒョウは狩りで殺した獲物を後で食べるために樹上や地上に隠すことがあるが，チンパンジーがそれを拾得して食べることがある。さらに，希少事例として，ヒョウやカンムリクマタカが偶蹄類の狩猟に成功した直後にその獲物をチンパンジーが横取りした対峙的屍肉食も報告されている（Nakamura et al. 2019）。

昆虫食では道具的知性を発揮するチンパンジーであるが，狩猟はほとんど素手で行う。槍や罠などの使用が一般的な人間との大きな違いである。また，ライオンのように獲物の口吻や喉に噛みついて窒息死させてから食べるという方法もとらない。ブルーダイカー狩猟では，叩きつけられただけでとどめを刺されていない獲物がしばらく悲鳴を上げながら体をかじられることがある。一方，狩猟における道具使用の希少例として，チンパンジーが木の洞に潜むリスなどを棒でつつき出して狩ることがある。フォンゴリ（セネガル）のサバンナに棲むチンパンジーは，この手法によるガラゴ狩りを常習的に行う。概してチンパンジーの狩猟が洗練されていないことは，ヒトと分岐した後も，この類人猿が肉にさほど依存せずに暮らしてきたことを教えてくれる。

••

### 同一性と多様性

1960年代以降，チンパンジーの狩猟は多くの調査地で観察されてきた。その結果，種特異的な同一性と地域間の多様性が明らかとなった。まず共通点として，チンパンジーは，アカコロブスと総称される霊長類の系統が同所的に生息する地域では，このサルを頻繁に集団狩猟する。最新の報告によれば，タンザニアのゴンベとマハレ，ウガンダのキバレのようなヒガシチンパンジーの調査地でも，ニシチンパンジーの調査地タイ（コートジボワール）でも，アカコロブスが捕食数の80%以上を占める。一方，アカコロブスが生息しないカリンズ，ブドンゴ（いずれもウガンダ）では，アビシニアコロブスが狩られる。また，やはりアカコロブスが生息しないロアンゴのチュウオウチンパンジーは，シロエリマンガベイ，オオハナジログエノンを狩る（Klein et al. 2021）。

次に地域比較を獲物種の幅について見ていこう。マハレとタイという東西亜種2集団が好対照である。マハレのチンパンジーは広食性の傾向があり，これまで，未同定の種を除き，6種の霊長類，4種の偶蹄類（森林性レイヨウ類やイノシシ類）を含む15種の哺乳類，3種の鳥類を食べてきた。一方，タイのチンパンジーは狭食性の傾向があり，7種の霊長類だけである。マハレで食べられてきた偶蹄類はタイにも生息するが，肉食の対象とならない。特に，ブルーダイカーはマハレではアカコロブスに次いで頻繁に捕食されるが，これを捕獲したタイのチンパンジーは弄んで死なせただけで食べることはなかった（Boesch & Boesch 1989）。こうした違いから，チンパンジーは生息地ごとに定着した獲物（プレイ）イメージをもっており，これに含まれない動物は食べないと考えられる（五百部 1993）。

・・

## アカコロブスを獲る集団狩猟

チンパンジーの単独狩猟は，地上を移動中，藪に潜んでいたダイカーに偶然遭遇し，瞬時に跳びかかり捕獲に成功するような狩りである。一方，ここで話題にする集団狩猟は，「複数の狩猟者が参加する狩猟」とだけ定義し，狩猟者間が同じ獲物をねらって連携するなどの協力をしたかどうかは問わないことにする（協同狩猟をめぐる議論については，Hosaka 2015を参照）。

マハレでは，チンパンジーがアカコロブスを狩猟するときはほとんどが集団狩猟となる。また，獲物の群れとの遭遇は少なからず探索的である。チンパンジーの遊動ルートは，基本的には果実採食のために決定される。しかし，コロブスの声が遠くから聞こえてきたとき，チンパンジーの雄がフフフっと小さな声を出して仲間の雄と一列縦隊で歩き出し，遊動ルートを外れてサルの群れに近づいていこうとする。つまり，獲物を音で認知してから獲物に近づき狩猟をするかどうかの意思決定をするまでのタイムラグがある。現場に到着すると，すでにコロブスの雄たちが防御態勢を固めていることがある。そうしたとき，マハレのチンパンジーたちは，しばらく樹上を見つめてから狩猟を諦めて立ち去ることが少なくない。

集団狩猟が始まると独特の喧騒に至る。多数のコロブスが警戒や威嚇の音声を発したり逃避のため枝を飛び移ったりして混乱した状態となる。チンパンジーも，雄が地上で突進ディスプレイを繰り返し，雌や子どもも大声を出して，集団全体が興奮した状態となる。一部が木を駆け上り，枝先に獲物を追い詰めたり，葉や蔓の茂みに潜んでいた雌を引きずり出したり，乳児だけを母親から引き剥がしたりして，獲物を捕獲する。しばしば，狩猟者の接近から逃れた獲物が地上に飛び降りたところで，地上で状況をモニターしていたチンパンジーに捕まることがある。集団狩猟が成功するのは始まってから5分以内が多い。集団狩猟が20分前後に間延びすると，急に昂揚（こうよう）した雰囲気が失われ，瀕死のアカコロブスがいても殺さずに去ってしまうことがある。

こうした集団狩猟はなぜ起こるのであろうか。すでに述べたように，乾季に塩分に対する生理的欲求が高まるからかもしれない。しかし，集団狩猟の理解には，集団的な意思決定をもたらす要因を探ることも必要である（Hosaka 2015）。

東アフリカの調査地では，果実が豊富でチンパンジーが大きな群れで遊動する季節に集団狩猟が起こりやすい。ある研究者は，成熟雄が集まっていて狩猟に成功しやすいためと考える。別の研究者は，「影響力のある狩猟者（インパクトハンター）」と呼ばれる特定の雄が集団狩猟を始める「触媒」の役割を果たすと考える（Gilby et al. 2015）。こうした研究の前提には，「狩猟者＝雄」という単純化がある。しかし，マハレの長期資料によると，アカコロブスを捕獲した個体の約17.4％が雌であった。雄が主要な狩猟者であることは確かであるが，雌や子どもも声を出したり獲物を捕獲する機会を窺ったりして集団狩猟に主体的に参加している事実は無視できない。マハレのチンパンジーについて1日あたりの肉消費量を，肉分配の影響を考慮して粗く推定したところ，成熟雌は非アルファの成熟雄の約38gとほぼ同程度の約37gの肉を得ていた（保坂 2002）。自ら獲物を殺さずとも肉が得られるのであれば，雌や子どもが集団狩猟の嚆矢（こうし）を放つことは不思議ではない。

## 3｜狩猟・肉食をめぐる人類進化論

…

### 狩猟仮説から屍肉食仮説へ

1960年代以降しばらくの間，「ヒト＝狩猟者仮説（マン・ザ・ハンター）」（狩猟仮説）が席巻した。サバンナに進出した人類が食物獲得のために狩猟に依存したことが，人間性の進化を促進したという説である。たとえば，狩猟は男性間の協力ひいては知性の進化を促し，肉を供給する男と育児を担当する女の性的分業は男女の絆を強め家族の進化を促した，という具合である。しかし，この仮説は男性中心主義という批判を受けたうえに学術的な根拠も乏しかった。生態人類学者からは，現代の狩猟採集民では，食料を安定供給するのはおもに女性の採集活動であるという反論が出された。さらに，初期ホモ属が狩猟を活発にしたという考古学的証拠も得られず，狩猟仮説は衰退の一途をたどった。

1970年代後半，考古人類学者のアイザックが，ホームベース仮説（食物分配仮説）を提唱した（Isaac 1978）。彼によると，初期ホモ属には生活の中心地であるホームベースが存在した。男性が小規模狩猟または屍肉あさりで獲得した動物性食物，女性が採集で集めた植物性食物や昆虫などを，ホームベースに持ち寄った。そして，協同して食物の分配・処理にあたることにより，コミュニケーション能力が進化したり，男女の絆を核とする家族が進化したりしたであろうと考えた。人間らしい言語や共食の進化を考えるうえでは今も魅力的な仮説であるが，ホームベースの存在を疑う研究が相次ぎ，初期人類の進化論としては衰退した。

現在の人類学では，初期ホモ属では，おもに大型肉食獣が食べ残した屍肉をあさる行動がおもな動物性食物の獲得手段であったとする「屍肉食仮説」が定説である（Shipman 1986）。槍のような洗練した道具でシカを殺したり，協同狩猟でバイソンのような大型獣を殺したりするような大がかりな狩猟を行うようになった考古学的証拠は，ネアンデルタール人の遺跡から見つかっている。それ以前のホモ・エレクトスは，屍肉食に小・中規模狩猟を組み合わせる生活をしたと思われるが，考古学的な証拠は不十分である。

・・・

### 肉が「出アフリカ」に果たした役割

マハレのチンパンジーが1日に消費する肉の量は，動物性タンパク質をあまり摂らない民族の現代人に近いレベルに達していた。しかし，ボッソウ（ギニア）のチンパンジーはめったに肉食しないが，それが生存を脅かす要因とはなっていない。現生類人猿の生存を支える食物が果実や葉などの植物性食物であることは確かである。五百部（1993）は，チンパンジーやボノボと人類の肉食の違いは，このような肉への依存度に加えて肉食対象の選択性にあると考えた。チンパンジーやボノボは人類のように肉に依存した生活を送っていないし，潜在的獲物に遭遇しても，獲物イメージをもつ動物しか狩猟しない。対照的に，チンパンジーやボノボと同じ森に暮らす狩猟採集民は，罠などを使用して，「肉ならば何でも食べる」という狩猟をする。五百部（2018）は，初期人類が「果実への依存」から「肉への依存」へとシフトしたのは，環境変動により生息地が森林から乾燥地へと変貌し，果実が安定して供給されなくなったことへの適応であったと考えた。こうして，乾燥地で安定的に入手できる肉食獣が殺した動物の屍肉をあさるようになったとする現代人類学の定説にリンクする。

初期人類はどのように屍肉あさりをしたか。屍肉食仮説の提唱者は，肉食獣が放置した屍肉を盗み食いしたり持ち去ったりする受動的屍肉食を想定した。初期人類はヒョウなどの大型肉食獣に捕食されていた証拠もあり，対峙的屍肉食を早い段階から積極的にしたとは考えにくい。しかし，すでに述べたように，チンパンジーでさえ，まれにヒョウがいる状況で獲物を奪い取ることがあるのだから，初期人類も低頻度であれ，対峙的屍肉食をしていたかもしれない。

いずれにしても，ホモ属の進化の過程で肉への依存度が高くなり，対峙的屍肉食や中大型哺乳類に対する狩猟の習慣が常態化したのであろう。対峙的屍肉食が人類のコミュニケーション能力を飛躍させ，言語の進化を促したという考え方も提唱されている。たとえば，一人の初期人類の男性が広い草原を歩き回って大きなキリンの死体を見つけたが，ハイエナの群れがたかっていたとしよう。彼はその地点と状況に関する情報を伝達し，長い距離を一緒に歩き，力を合わせてハイエナを追い払う仲間をリクルートしなくてはならない。これには高度のコミュニケーションが必要というわけである（Bickerton & Szathmáry 2011）。

リーバーマン（2015）も，初期ホモ属が広い地域を長時間移動して，積極的に屍肉を探したであろうと述べた。彼はさらに，そのために進化させた持久走力を草原の草食獣に対する「持久狩猟」に用いたと考えた。短距離走でかなわない獲物を，炎天下しつこく追いかけて，体力を消耗させて仕留めるという戦術である。この持久走仮説には，第11章で言及されているとおり，機能形態学的にも生態人類学的にも異論があるが，ヒト以外の霊長類の狩猟との違いを考えるうえでは魅力的であり，しばらく議論が続くであろう。

近年，約180万年前の初期ホモ属が大型草食獣を（おそらく待ち伏せ型の）狩猟で捕獲したと推定できる考古学的証拠が報告されている（Bunn & Gurtov 2014）。ホモ・エレクトスは，長距離を走る持久力と槍などの道具を使って狩猟で大型の獲物を殺す能力を組み合わせて，狩猟で肉を獲得する能力を獲得していたのかもしれない。長距離を移動する力と狩猟により広範な種類の動物を殺す力を兼ねそなえたことは，人類がアフリカを出てさまざまな気候・環境に適応して生息地を広げる基盤になったのであろう。

Case Study　ケーススタディ 6

## チンパンジーの肉分配

タンザニアのマハレは，1965年に西田利貞がチンパンジーの長期野外調査を始めた地である。個性豊かなチンパンジーの中でも，のべ15年間，M集団のアルファ（第1位）雄を務めたントロギは異彩を放つ存在である。

ここでは，1992年2月4日，そのントロギが肉分配した場面に案内したい。獲物は集団狩猟で殺されたオトナ雌のアカコロブスである。15時45分，ントロギが獲物を抱えて現れたが，彼自身が捕獲したかは定かではない。他個体が殺した獲物を強奪したのかもしれない。

> 15時50分，地上に座ったントロギに老齢雌ダルが近づき，隣に座って肉にかぶりつく。ところが，老齢の同盟雄バカリがやってきてダルを威嚇して場所を奪い，ントロギが握る肉にかぶりつく。（中略）
> 16時21分，樹上で肉食中のントロギの顔を彼の左側からダルが，右側から子持ち雌ワキルヒアが覗き込む（写真1-1）。ントロギは視線を上に逸らす（写真1-2）。3分後，子持ち雌カリオペが逆さ吊りで枝にぶら下がり，前方からントロギを覗き込む。16時25分，若い発情雌アミサが加わり，左側から顔を近づけてントロギに挨拶の音声を発する（写真1-3）。アミサは後ろに下がり，ダルは正面左側に陣取り，それぞれントロギが握る肉をかじり出す（写真1-4）。ントロギは，大胆にかぶりつくアミサに視線を向けて，肉をたぐり寄せる。アミサが大きな肉片をちぎり取るのに成功して，急いで木を降りる。樹上の雌たちがいっせいにアミサに吠えたてる。

このシーンからいろいろなことが読み取れよう。まず，肉を得る個体は，ントロギが自ら選んだ相手ではなく，近寄ってきた相手である。次に，ントロギが自発的に肉を与えることはなく，相手がかじるのを許容するという消極的な

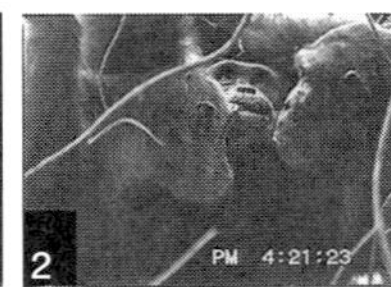

写真1　ントロギの肉分配
（1992年2月4日，筆者撮影，映像クリップ https://youtu.be/YhPmo3LPU8w）

分配であるということである。近寄ってきた個体は，覗き込みをしつこく続けた後で肉に手を伸ばすこともあれば，躊躇なく肉をかじり出すこともある。

ントロギの視線を追うだけでも，肉分配が多くの雌を含めた非常に複雑な社会的相互作用であることが分かる。雌からしつこく覗き込まれているときには視線を逸らす。しかし，あまりに大胆に肉にかぶりつく雌がいると，視線を向けて抑制をかけようとする。雌が一致して吠えたてる行動は，ントロギの視線を全頭共有していたからこそ可能になったようにも見える。

なぜントロギは，こんなに覗き込まれたり肉をたかられたりするような状況から逃れないのか。視線を逸らしたり，肉を少しずつ盗まれたりする様子を見れば，素朴にわく疑問である。しかし，こういう見方をしてもよいかもしれない。消極的分配だからこそ，肉に価値が生じるのである。たくさんの雌が肉に惹かれて集まり，昂揚した雰囲気が生まれる。惜しみながらも肉を少しずつ与え，大きな肉を盗もうとする雌や若くて上昇志向がある雄が近づいてきたら，周りの雌たちが猛然と叱ってくれる。こういう非常に密な社会的な営みが生じることをアルファ雄が期待しているという見方も面白いのではないだろうか。

## Active Learning アクティブラーニング 6

Q.1

**あなたの肉食度を判定してみよう**

自分が摂った食物の品目をリストアップするという作業を1週間続けてみよう。そのうち広義の動物性食物（魚類，貝類，エビカニ，牛乳，卵を含む），狭義の「肉」（鳥獣肉）がどのくらい含まれるか品目数の割合として算出してみよう。

Q.2

**現代日本で消費される食肉の生産と供給の仕組みについて調べてみよう**

一般的に，畜産業で飼育された家畜が「肉」となるまでの経路，ジビエや鯨類，魚介類，昆虫類など自然界で生きていた動物が私たちの口に入るまでの経路について，たとえば60〜70年前と現代との間の比較という視点で調べてみよう。

Q.3

**現代日本人の肉食をチンパンジー，初期人類の肉食と比較してみよう**

第6章で学んだこと，Q.1とQ.2で調べたことに基づいて，肉の獲得方法や肉食対象の認識，肉食頻度，肉分配などの着眼点で，チンパンジー，初期人類，現代日本人の間の比較をしてみよう。

Q.4

**現代人の肉食における多様性を人類進化史的な視点から論じよう**

あなたの友人にも，肉をよく食べる人からビーガンまで多様な肉食習慣を送る人々が見つかるかもしれない。狩猟という動物を殺す行為を経験せずに肉食をするようになった多くの現代人の肉食の将来について議論してみよう。

第Ⅲ部

# 繁殖と社会

第7章

# 出産
## 直立二足歩行と大きな脳が招いた進化の難局

川田美風

生物の一種としてこの地球上でわれわれが繁栄，そして進化していくために必要不可欠なことは何だろうか。運動能力の向上か，知能の発達か，あるいは十分な食物供給か。どれももちろん重要ではあるが，まず生まれなければ何も始まらない。出産は哺乳類にとって，種の存続・進化に不可欠なイベントである。したがってわれわれがまずクリアすべきは，出産なのである。

しかし，ヒトではその出産がかなり骨の折れるイベントとなっており，その辛さは「鼻からスイカを出すようなもの」と例えられるほどである。この例えはさすがにやや大袈裟ではあるが，実際に母親の産道と新生児のサイズ比を眺めてみると，そう笑ってもいられない。そもそも出産とは大変なものなのだから仕方ない，と考える人もいるかもしれないが，果たしてそうだろうか。ほかの霊長類の出産に目を向けてみると必ずしもそうではないようで，むしろこの困難な出産事情はヒト特有のものであることが分かる。そもそもヒト以外の霊長類はどのように出産しているのか。なぜヒトだけが出産に苦しまなくてはならないのか。なぜ長い人類進化の過程で出産の問題は解決されてこなかったのか。本章では，これらの疑問や不満の解消を試みる。

KEYWORDS #出産 #直立二足歩行 #大脳化 #性的二型 #成長

# 1｜ヒトの出産の特別なところ，そうでないところ

### ヒトの特徴は出産には不向き

霊長類，そして哺乳類を通して見ても，ヒトの出産は母子ともに負担が大きく，時間もかかる。自身の遺伝情報を次世代につなぐための過程が困難であることは，生物としてかなり不利に思える。なぜ難産は，人類進化の歴史の中で解決されてこなかったのだろうか。

ヒトをほかの生物，特に霊長類と区別する生物学的特徴は多く存在するが，誰もが知る特徴といえば直立二足歩行と大きな脳ではないだろうか。この二つの特徴こそ，われわれヒトが難産たる所以なのである。出産の難しさは，胎児が産道を通りやすいかどうかで決まる。産道（骨盤）は，背骨の一番下にある仙骨と，体幹と下肢をつなぐ左右一対の骨である寛骨から形成される（図7-1）。直立二足歩行を行うヒトでは，寛骨が上下に短く，仙骨と股関節の位置が近くなっている。これらの特徴は直立時に体幹を安定させ効率的な二足歩行を可能にするが（Leutenegger 1974; Lovejoy 2005），産道は四方を骨に囲まれた窮屈なものとなった（図7-1）。この窮屈な産道がヒトの難産の一因である。

難産は産道を大きくすることで解消できるはずである。大きな産道は出産の視点からは理想的なデザインに思われるが，直立二足歩行効率の点からはそうではない。産道の拡大により骨盤幅や仙骨と股関節の距離が拡大すると，二足歩行時の股関節の運動に余計な筋力が必要になると考えられている。あっち（出産）をたてればこっち（二足歩行）がたたないという，この板挟み状態は「出産のジレンマ」として知られる（Washburn 1960）。一方で，男性と産道の大きな女性との間で二足歩行効率に有意な

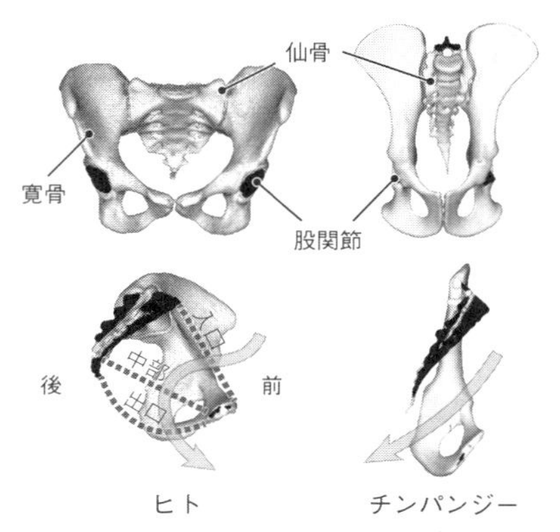


**図7-1　ヒトとチンパンジーの骨盤**

注：ヒトの骨盤は仙骨の位置が低く，四方を骨に囲まれた窮屈なものとなっている。ヒトの産道は前方に90°近く前方にカーブする（灰色の矢印）。

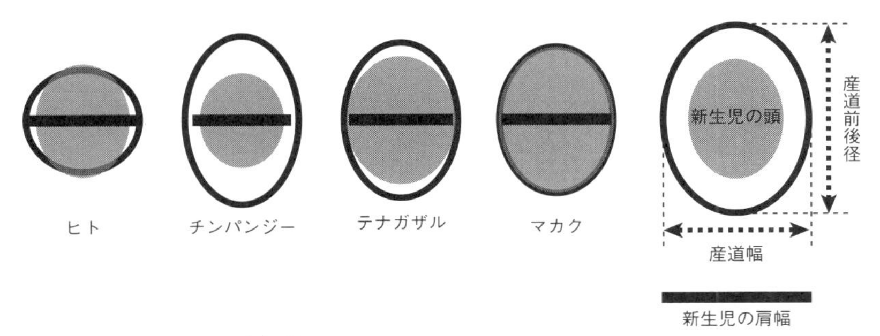


**図7-2　霊長類の児頭骨盤比**

出所：Schultz（1949）による児頭骨盤比のデータをもとに筆者作成。
注：ヒトとテナガザル，マカクなどの小～中型の霊長類では産道に対して新生児の頭が大きいため出産が困難である。

差は見られないとする研究もあり（Warrener et al. 2015），このジレンマの存在を疑問視する声も高まっている。そうであったとしても，体幹を直立させたヒトの骨盤は腹部臓器を支持する役割も担っており，それらの脱落を防ぐためにも産道の無制限な拡大はやはり不可能である（Sze et al. 1999）。

産道の通りやすさは，そこを通る胎児の頭の大きさにも左右される。難産の指標の一つとして用いられるのが，産道に対する新生児の頭のサイズ比（児頭骨盤比）である。脳の大型化に伴い拡大したヒトの新生児の脳容量は，成体のチンパンジーに匹敵する。頭（脳）の大きな胎児が通過するには，母親の産道は窮屈なのである（図7-2）。

産道の拡大が制限されているのであれば，新生児の頭を小さくするのはどうだろうか。こちらにも採用されていないわけがある。小さなサイズでの出生は新生児の生存率を大きく下げることが知られている（Karn & Penrose 1951）。子の健やかな発達のためにも，難産を解消するほどの新生児の頭の小型化は見込めない。

・

## ヒトの出産

どうやら難産の完全な解消は不可能そうである。このような状況下で，ヒトはどのように出産しているのだろうか。

ヒトの胎児は，大きな頭で窮屈な産道をなんとかして通らなければならない。ヒトの産道は窮屈なだけでなくその形状も複雑で，通るためには一捻り，いや

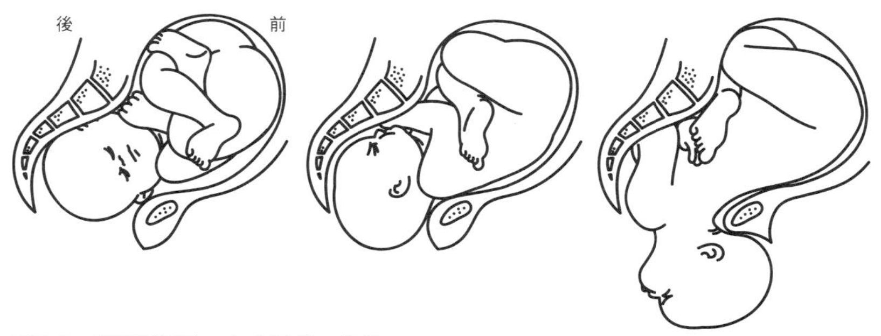


**図7-3　産道通過時のヒト胎児の姿勢**

出所：Huffman & Beck（2024）の図をもとに一部改変して筆者作成。

注：産道の矢状断面（図7-1左下の骨盤と対応）から見た出産中のヒト胎児の姿勢を示す。胎児は産道入口では母親に対して横を向くが，中部と出口では母親に対して後ろ（背側）を向いて産道を通過する。胎児は後頭部を進行方向に向けて産道を通過し，最後は後頭部から生まれる。

二捻りほど必要である。産道は，入口，中部，出口にざっくりと分けられる（図7-1）。ヒトの産道は入口では横長だが，中部と出口では前後（背腹）方向に長くなっている。胎児の頭はというと，横幅よりも前後径が長い。胎児はちょうど型はめパズルのように，頭の前後径を産道各部位の最大部に揃えて産道を通る（図7-3）。つまり，産道入口を通るときは母親に対して横向き，中部と出口を通るときは母親に対して後ろ（背側）向きの姿勢をとる。なぜ胎児が母親の背側を向いて生まれてくるのかというと，胎児の頭は顔面部より後頭部が大きく，産道は腹側の方が広いためである。このように胎児が向きを変えながら産道を通過する出産様式は回旋分娩と呼ばれ，ヒトの出産特徴の一つである。

出産時に産道に引っかかりやすいのは，胎児の頭だけではない。ヒトは肩幅が広い生き物である。広い肩幅は投擲（とうてき）や二足歩行時の体幹の安定に関連する，なくてはならない特徴であるが，出産時には頭と同様に産道通過の障害となる。頭の最大径である前後径と肩幅は直交するため，頭を通すための回旋に追従し，ヒトでは肩を通すためにさらに90°の回旋が起こる（Oxorn-Foote 1986）。

出産時の胎児の姿勢の変更はこれだけではない。産道を矢状（しじょう）面（体を左右に分ける面）で切断しその断面を見てみると，ヒトの産道は90°近く前方にカーブしている（図7-1）。この産道のカーブにあわせて，ヒトの胎児は頭（首）を屈曲・伸展させながら産道を通過する（Abitbol 1993）。

なんとか産道を通り抜け，一番初めに膣口から「顔」を出すのは顔ではなく後頭部である。胎児は首を屈曲させた状態，つまり思い切り下を向くような姿勢をとり後頭部を進行方向に向けて産道の大部分を通過する（図7-3）。この姿勢をとることで，できるだけ小さな頭部径で産道を通過することができる。最後には産道のカーブに合わせて首を伸展させ，後頭部から母体外へ出る（図7-3）。

こうして無事に外の世界へと頭を出した新生児は，多くの場合助産師や産婆などによって母体外へと引きずり出される。このとき，もしも母親が子の後頭部をつかんで引きずり出そうとすると，新生児の頭を無理に後ろへ引っ張るような形となり，脊椎および脊髄を損傷する恐れがある（Trevathan 2017）。出産時における他者からの介助は，ヒトの出産においてその成功を左右する重大な要素であり，地球上のほぼすべての集団で見られるヒト特有の行動である。

・

## ヒト以外の霊長類の出産

ヒトと近縁なチンパンジーやゴリラといった大型類人猿では，産道が子に対して十分に大きく，出産は比較的容易である（図7-2）。一方で，テナガザル，マカク（ニホンザルを含むサルのグループ）やマーモセットといった小～中型の霊長類の児頭骨盤比はヒトに匹敵するほどであり，分娩停止のリスクも高い（図7-2）。あまり知られていないが，これらの霊長類種も実は難産なのである。

ヒト以外の霊長類の産道形状は比較的シンプルである。これらの産道は，どの部分で輪切りにしても前後（背腹）方向が長い。そのため産道内で頭を左右に捻るような胎児の回旋はない。しかし胎児が常に同じ姿勢のまま産道を通過するわけではなく，産道のカーブに合わせて胎児が頸部を伸展させるような姿勢の変更は存在する（図7-1）（Kawada et al. 2020; Stoller 1996）。

**図7-4　産道通過時のヒト以外の霊長類胎児の姿勢**

注：産道の矢状断面（図7-1右下の骨盤と対応）から見た出産中のヒト以外の霊長類胎児の姿勢を示す。胎児は顔面を進行方向に向けて産道を通過し，母親に対して前（腹側）を向いて生まれてくる。

ヒト以外の霊長類の胎児は顔面を進行方向に向け，首を伸展させた状態で産道を通ると考えられている（図7-4）。胎児が後頭部から産道を通るヒトとは対照的である。さらに，胎児が母親に対して前（腹側）を向いて産道を通過する点もヒトとは異なる。ヒトの産道では腹側が広くなっているのに対し，ヒト以外の霊長類の産道は背側の方が広々としており，そこを子の頭の最大部である後頭部が通過するためである。そのためヒト以外の霊長類では，母親が自身で子の頭（顔面）をつかんで母体外に引きずり出す場合でも子の脊椎および脊髄を損傷するリスクが低く（Trevathan 2015），他個体からの出産時の介助を必要としない。同種他個体や捕食者が存在しにくい場所（多くの場合，捕食者から身を守れる樹上）で，昼行性の種は夜に，夜行性の種は昼にひっそりと出産する（Jolly 2008）。

興味深いことに，われわれに近縁なチンパンジーでは子の生まれる向きにバリエーションがあり，頭が母体外に出た後に胎児の回旋が見られたという報告もある（Hirata et al. 2011; Nissen & Yerkes 1943）。チンパンジーの産道が十分に広いため，子の向きがさほど重要でないのかもしれないし（Haeusler et al. 2021），母体外での胎児の回旋は，チンパンジーを含むヒト上科に特徴的な広い肩が産道を通るために必要なのかもしれない（Hirata et al. 2011）。

## 2｜出産の進化――いつから難しくなったのか

### 猿人の出産――直立二足歩行の獲得と産道形態の変化

人類の進化は，およそ700万年前の直立二足歩行の獲得から始まった。難産のもう一つの要因である大きな脳の獲得は，もう少し（500万年ほど）後のことである。二足歩行を始めた頃の人類，いわゆる猿人の脳容量は現生類人猿とさほど変わらず，その姿は二足で歩く類人猿といった様相であった。猿人の出産は類人猿のように楽だったのだろうか。それともすでに難産に悩まされていたのだろうか。

370万年前から200万年前頃まで存在していた，比較的化石試料の豊富なアファール猿人の骨盤は，現生のヒトと比べると全体的に扁平な形をしていた。この扁平な印象は，外側に大きく張り出した寛骨上部によるものである。これによりアファール猿人の産道は入口が横方向に大きくなり，類人猿よりもヒトの産道に似た外観となった。一方，産道断面の最大径が各部で異なるヒトに対し，アファール猿人の産道断面は一貫して横長であった（Gruss & Schmitt 2015）。

ということは，アファール猿人では回旋分娩は行われていなかったのだろうか。産道形状から，アファール猿人の胎児は常に横向きで回旋なしに産道を通ると考えられていた（Tague & Lovejoy 1986）。しかし，忘れてはならないのが肩である。胎児の肩幅を考慮した場合，アファール猿人ですでに肩を通すための回旋が行われていたことが示唆されている（DeSilva et al. 2017）。回旋分娩のきっかけは，子の頭ではなく肩だったのかもしれない。

一方でアファール猿人が属するアウストラロピテクス属の別の種，アフリカヌス猿人の骨盤を用いた出産様式の検証から，出産時の子宮収縮や骨盤底筋の作用により，胎児の頭の回旋がすでに存在したという主張もある（Berge & Goularas 2010）。また，同じアウストラロピテクス属でも頭の形態の違いにより出産様式はさまざまだったという意見もある（Kibii et al. 2011）。いずれにせよ，現在われわれに見られる難産の特徴は同時期にまとまって出現したのではなく，種内および種間においてさまざまな速度でモザイク的に進化したのである。

••

### 大脳化に伴う新生児の脳の拡大

直立二足歩行の獲得よりもずっと後のおよそ200万年前に，われわれと同じホモ属に分類される原人が出現する。原人段階での急速な脳の大型化により，母親は大きな頭の子を産む必要に迫られた。この状況下でなんとかして出産を成功させるために進化したのが，特殊な脳の成長パターンだと考えられている。

現在われわれヒトは平均して1300mlを超える脳をもつ。ヒトに近縁なチンパンジーの平均脳容量は380mlなので，その3倍以上である。およそ200万年前頃に現れた初期の原人であるハビリス原人の脳容量はチンパンジーのおよそ1.5倍の600～700ml，それより少し後のおよそ180万年前頃に現れたエレクトス原人，エルガスター原人の脳容量は現生のヒトよりもまだ小さいが，800～1000mlにまで拡大した。

現生のヒトでは，大きな脳と出産を両立するために特殊な脳の成長パターンが採用されている。簡単にいうと，できるだけ小さな脳容量で生まれ，生まれた後にそれを補うように急いで脳を大きくするのである。ヒトおよび早成性の哺乳類では，出生前に脳が急速に成長する期間が存在する（Halley 2017）。この急速な脳成長はヒト以外では出生前に落ち着くが，ヒトではその開始が出生直前と遅いのに加え，さらに生後1歳半まで持続する。そのうえ，脳の成長速度もほかの種と比較して速い（Sakai et al. 2012）。ヒトの新生児は成体の24%ほどの脳容量で生まれる。ほかの大型類人猿が出生時にすでに成体の40〜70%ほどの脳容量をもつことを考慮すると，ヒトはかなり小さい脳で生まれ，その分未熟である（DeSilva & Lesnik 2006）。このように未熟な状態で生まれてくることは，生理的早産（Portmann 1941）や子宮外胎児期（Montagu 1961）と表現され，ヒトに特徴的な長い幼児期（childhood）とも関連する（第8章参照）。

成体とコドモの頭蓋骨化石の頭蓋内腔（頭蓋骨にある脳を収容するための空洞）のサイズから，化石人類の脳の成長パターンを調べた研究によると，アウストラロピテクス属の脳がチンパンジーに似た成長パターンだったのに対し（Leigh 2012; Neubauer & Hublin 2012），エレクトス原人ではすでに現生のヒトに似た脳の成長パターンが進化していた可能性が示されている（Walker & Ruff 1993）。それでも現生のヒトよりは成熟した子を産んでいたと考えられているが（Cofran & DeSilva 2015; O'Connell & DeSilva 2013），脳が大型化する以前の人類や類人猿と比較するとエレクトス原人の新生児は未熟で手がかかり，母親，もしかしたらそれ以外の個体からも世話を受けていたのかもしれない。

## 3｜出産戦略

### 産むための戦略

ヒトは難産をただ甘受しているわけではない。難産を緩和するための工夫，出産戦略を，まずは母親の側から見ていこう。

一つ目は骨盤に見られる性的二型である。性的二型というのは男女間で見られる違いのことで，分かりやすいもので身長や性器の形があげられる。ヒトを骨にしたときに，性的二型が特に顕著なのが骨盤である。平均的に女性は男性よりも身長が小さく小柄であるが，産道にあたる骨盤腔の大きさは相対的，絶対的に男性よりも女性の方が大きく出産に向いた形をしている。

骨盤の性的二型は霊長類一般に広く見られる現象であり，出産が容易な大型類人猿にさえも存在する。しかし性的二型のパターンには種間差が存在し，難産な種ではそうでない種よりも性的二型の程度が大きく，雌の産道がより広い傾向がある（Moffett 2017; Zollikofer et al. 2017）。一方，性的二型の程度は小さいにしろ，出産が容易な種でも雄より雌の産道が大きいことから，性的二型がたんに出産のみに関連するものでないという意見もある（Tague 2005）。

周囲の女性を見ても分かるように，女性は一生を通じて常に妊娠・出産を繰り返すわけではない。ヒトには最も安全に妊娠・出産できる適齢期があり，閉経後は妊娠・出産することはない。そのため女性の一生には，出産をよくする時期とそうでもない時期が存在する。これに対応するように，ヒトの女性の骨盤は産道が急速に拡大する思春期から出産適齢期（25～30歳）まで産みやすい形態を維持し，40代以降では産道が縮小する（Huseynov et al. 2016）。対照的に，ヒトと同様に難産であるニホンザルの骨盤は，歳をとるごとに産みやすい形態へ変化する（Morimoto et al. 2023）。ニホンザルには閉経がなく死ぬまで子を産み続けるため，高齢出産のリスクを軽減するためだと考えられている。

もう一つが出産時の一時的な産道の拡大である。出産時や妊娠後期に，仙骨と寛骨をつなぐ靭帯や，左右の寛骨を腹側でつなぐ結合が緩むことにより，産道が前後左右にそれぞれ2～3cm拡大する（Borell & Fernström 1957; Ohlsén 1973）。ヒトと同様に難産であるアカゲザル（ニホンザルの近縁種），ヒヒ，そしてリスザルにおいても出産時の一時的な産道の拡大は示唆，確認されており，しかもその産道拡大の程度はヒトよりも大きい（Hartman & Straus 1939; Stoller 1996）。少し話が逸れるが，齧歯(げっし)類には最初の繁殖期に寛骨の腹側の結合付近で骨吸収が始まり，交尾のときにはすでに左右の寛骨が完全に離れ，その後も骨盤が開いたまま一生を過ごすという種も存在する（Hisaw 1924）。ヒトにおいて靭帯の緩みによる産道の拡大が制限されているのは，緩んだ骨盤では安全で安定した直立二足歩行が困難なためである（Ronchetti et al. 2008）。他の種と比べるとわずかではあるが，一時的な産道の拡大はヒトの出産に必要不可欠なものである。

•••

**生まれるための戦略**

新生児の頭を見てみると，呼吸をしたり泣いたりするのに合わせて頭がペコペコと動くことがある。これは頭蓋骨にひし形の隙間，大泉門(だいせんもん)があるためである。頭蓋骨はいくつかの骨が組み合わさって形成されており，この骨同士の隙間（縫合）は成長するにつれ閉じていく。ヒト以外の霊長類では大泉門は出生時にほとんど閉じているが（Schultz 1969），ヒトでは縫合の閉鎖が遅く，出生時にもまだ閉じ切っていない。これにより産道通過時に一時的な頭の変形が可能となる（Ami et al. 2019; Beischer 1986）。産道も出産時に一時的に拡大すると述べたが，新生児の頭はそれよりも柔軟に変形する。

ここまで骨盤と頭にスポットを当ててきたが，ヒトの出産を考えるにあたってやはり忘れてはならないのが肩である。新生児の肩が産道内に留まることで起きる肩甲（けんこう）難産のリスクは高く，肩も無視できない難産要因である。肩が出産時に障害となるヒトでは，出生前に肩幅を決定する鎖骨の成長が減速し，出生後にその遅れを取り戻すように鎖骨の成長が加速する（Kawada et al. 2022）。ヒトは頭・肩の両方で，小さく生まれて大きく育つという戦略をとっている。

・・・

### 母子の共同戦略

同じヒトという種でも出産の難易度は人それぞれである。自分の産道サイズに対して大きすぎる頭の子を産む女性はより難産になってしまう。子の頭のサイズは遺伝の影響を強く受けるため（Gilmore et al. 2010），頭の大きな女性は頭の大きな子を産む確率が高い。したがって頭の大きな女性は頭の小さな女性よりも難産のリスクが高くなる。ヒトには，このような個々人の難産レベルに対応した出産戦略も存在する。難産リスクの高い頭の大きな女性は，頭の小さな女性よりも産道が大きな出産により適した骨盤をもつことで，難産のリスクを軽減している（Fischer & Mitteroecker 2015）。

このような頭と骨盤の形態関係は，ヒトと同様に難産であるアカゲザルの母親の骨盤とその胎児の頭蓋骨でも確認されている（Kawada et al. 2020）。アカゲザルの母親の産道と胎児の頭蓋骨は，出産時に通る向きで（図7-4）ちょうどクッキーの抜型のように形がぴったりと合うように対応している。つまり丸い断面の産道と丸い頭蓋骨，縦に長い産道と縦に長い頭蓋骨というように，母親の産道と子の頭蓋骨の形が共変化しているのである。

頭と骨盤という，体の中で普段は離れている，しかも他個体の骨の形を合わせて変化させてしまうほど，出産は重要なイベントである。とりわけわれわれヒトにとっては，出産はヒトの代表的な特徴である直立二足歩行と大きな脳にも関連する，ヒトらしさが詰まったトピックなのである。

Case Study | ケーススタディ 7

## 医療の発展と出産
### めまぐるしく変わるヒトの出産事情

繁殖に有利な形質が広がり，不利な形質は淘汰されるというのが生物進化を駆動する自然選択の仕組みである。それでは，ヒトの出産を困難なものにしている子の頭と母親の産道の窮屈なサイズ比は，繁殖の成功度を下げうるにもかかわらずなぜ自然選択により淘汰されてこなかったのだろうか。

大きな頭と小さな産道は出産の点からは不利な形質であるが，利点もある。出生時の子の頭（脳）サイズが大きいほど，生後の子の生存率は高くなり，産道が小さいほど，母親の骨盤底障害のリスクは低くなる。そのため，生まれる／産むことのできるサイズまで，新生児の頭は大きく，母親の産道は小さくなる方向に自然選択が起こる。これにより，頭と産道のタイトなサイズ比が維持されるのである。また，集団内の形質にはある程度変異が存在するため，すべての母子が生まれる／産むことのできるギリギリのサイズ比を示すわけではなく，その範囲を外れてしまい少し緩いサイズ比や，逆に自然分娩が困難な窮屈なサイズ比となってしまう母子が一定数存在してしまう。

このような頭と産道を取り巻く状況を説明するのが，ミッテレッカーら（Mitteroecker et al. 2016）が提唱した「崖っぷちモデル」である。極端に緩いサイズ比でなければ母子双方への不利益は少ないが，生まれる／産むことのできるサイズ比を少しでも超えてしまうと出産が不可能となり，途端に不利な状況（まさに崖っぷち）になってしまう。

医療技術の発展により，この「崖」の存在は消えつつある。先進国では，母親の産道に対して子の頭が大きすぎるために自然分娩が不可能である場合，帝王切開が選択される。帝王切開の普及により，生まれる／産むことのできる母子のサイズ比のしきい値は取り払われつつある。この「崖」の消失により，将来新生児の頭のサイズはどんどん大きくなっていくかもしれない。しかし新生児のサイズは母親の産道サイズによってのみ制限されるのではなく，母親の代謝能力からも影響を受ける。母親の代謝能力の限界は帝王切開によって取り払われるものではないため，いくら帝王切開が普及したとしても無制限に新生児のサイズが増加するわけではなさそうである。

母親の産道拡大による骨盤底障害のリスクの増加や，小さな脳容量の新生児の生存率の低下も，特に先進国では以前ほど大きな問題ではないのかもしれない。骨盤底障害になってしまった場合でも，適切な治療を受けることができれば日常生活に支障をきたすことはない。体外に子宮が脱出してしまった場合でさえも，妊娠を望む場合は子宮を摘出しない手術療法を選択することができ，生殖機能を維持することが可能となっている。また，低体重児や出産予定日を前倒ししての出生も，新生児医療の充実により現在では新生児の生存率を著しく下げるものではなくなっている。

帝王切開や骨盤底障害の治療の普及や新生児医療の発達により，母子のサイズ比が繁殖の成功度に及ぼす影響が小さくなることで，新たな進化の傾向が生まれるかもしれない。しかもこの新たな進化傾向による形態の変化は，数千年単位ではなく数世代単位で起こる可能性があると考えられている（Zaffarini & Mitteroecker 2019）。

## Active Learning | アクティブラーニング 7

### Q.1

**自分がどのくらいのサイズで生まれたかを調べてみよう**

母子手帳には，あなたの出生時の状態が記録されている。そこに記録されている出生時の頭囲と胸囲から，どのくらいの大きさのものが産道を通過するのか肌で感じてみよう。

### Q.2

**自分の産道がどれくらいのサイズか調べてみよう**

ズボンの前ポケットの入口あたりの皮膚を触ると，前に飛び出た硬い部分に触れる。これは寛骨にある上前腸骨棘（じょうぜんちょうこつきょく）という突起である。この突起間の距離を測り，自分の骨盤の大体の幅を調べてみよう。産道入口の幅はこの長さの半分ほどなので，Q.1で調べた頭囲と胸囲と対応させて出産の難しさを考えてみよう。

### Q.3

**逆子などの胎内での胎児の姿勢・向きの異常がどのように危険か考えてみよう**

ヒトにおいて一般的で安全だとされるのは，胎児の頭が産道を先に通り，母親の背側を向き，頸を前屈し顎を引いている状態である。胎児がそれ以外の姿勢・向きである場合，産道通過時にどのようなリスクが考えられるだろうか。

### Q.4

**母親と子の栄養状態のミスマッチが出産に及ぼす影響を考えてみよう**

栄養状態が悪いと体格が小さくなり，良いと胎児の成長は促進される。飢饉から回復した国や，急速に経済が発展した国などでは，母親と子の世代で発育状況が大きく異なる。このときにどのような問題が起きうるか考えてみよう。

第8章

# 生活史
## ヒトの「生き方」を相対化する

松本卓也

われわれは，哺乳綱霊長目に属するヒトという種の生物である。多くのヒトは，受精してから母親の胎内で育ち，生まれ，授乳されて育ち，離乳し，生殖可能となり，老い，死ぬ。もちろん，各人が生きるうえで，今あげたこと以外にも数えきれないほどたくさんのことを経験するだろう。あるいは，今あげたことを経験せずに死を迎える人もいるだろう。本章は，こうしたなかなかに捉えがたいヒトの「生き方」に関する自然人類学的な知見を紹介したい。生物の一種としてのヒトは，他の種と比べてどのような「生き方」の特徴をもっているのか，が主題となる。すなわち，ヒトの生活史（生物の発生から死までの生活過程）の特徴を描出することが本章の目的である。

本章ではまず，生活史という概念について説明し，「生き方」の種間比較を可能にする理論的背景として生活史戦略理論を紹介する。そして，他種（おもにヒト以外の霊長類）と比較した際に浮き彫りになるヒトの生活史の特徴を紹介する。このとき，個体の発達に焦点を当てた生活史の特徴（生理的早産・思春期スパート・長寿）だけでなく，これらがヒトの社会（性）とどのように結びついているか（早期離乳・共同保育・祖母仮説）についても紹介したい。

KEYWORDS #生活史 #発達 #子育て #捕食圧 #共同保育 #離乳 #チャイルド期(幼児期) #思春期 #長寿 #閉経 #祖母仮説

# 1｜生活史——理論的背景

・

## 生活史戦略理論——「生き方」を捉えるものさし

生物の「生き方」，すなわち個体が生まれ，育ち，繁殖し，最終的に死に至るまでの過程は，生活史と呼ばれる。生まれてから繁殖可能になるまでの時間や，生涯の産子数，寿命などは生活史の量的表現と捉えることができ，これらは生活史パラメータと呼ばれる。生活史パラメータを種ごとに抽出し，比較することによって，たとえば種Aは種Bよりも繁殖開始年齢は遅いが寿命が長い，といった比較が可能になる。すなわち，生活史パラメータはその生物種の「生き方」を研究対象とするためのものさしといえる。

生物学の理論では，より多くの子孫を残すことにつながる特徴は進化的に有利となる。それを踏まえると，哺乳類（ヒトと同じ哺乳綱に属する生物種たち）の理想的な生活史は，受精したらすぐに生まれてきて独り立ちし，すぐに繁殖可能になり，たくさん子孫を残しながらずっと生き続けることである。もちろん，そのような超自然的な不老不死の哺乳類は見つかっていない。哺乳類に限らず，生物たちは自身の限られた資源をやりくりしていると考えられる。生物が「自身の生存と繁殖」という二つの営為を両立させる際，生命活動（成長・繁殖・子育てなど）に対して限られた自身の資源（栄養と時間）を最適に配分している，と考えるのが生活史戦略理論である。たとえば，早熟で小柄な子を多く産む戦略と，成長は遅いが体格の大きな子を少数産む戦略は，同じ量の資源を次世代の個体に費やすと考えた際に対をなす戦略である。いいかえれば，子の数と体格という生活史の要素間はトレードオフの関係にあると考えることができる。

・

## r-K選択

生活史戦略の対比の軸として代表的なものにr-K選択があげられる。変動が激しく，生まれた子の死亡率が高いような環境では，生物はすぐに個体数を増やせるような生活史を示す傾向がある。一方，死亡率が低く安定した環境では，生物たちはその地域の食物資源量等で賄えるいっぱいの個体数近くまで増えた状態にある。そのような環境では，同種の他個体との競争力が重要となるため，子一人一人への投資量が多くなり，生物は大きな体の個体がゆっくり時間をかけて成長する，といった生活史を示す傾向が強まる。前者をr戦略型の生活史，後者をK戦略型の生活史と呼ぶ。rは内的自然増加率（growth rate）の重要性を示しており，Kは環境収容力（ドイツ語でKapazitätsgrenze: 英語でcapacity limit）の重要性を示している。前項の例で考えれば，「早熟で小柄な子を多く産む戦略」はr戦略型，「成長は遅いが体格の大きな子を少数産む戦略」はK戦略型の生活史である。

・

### 生活史研究の注意点――比較の功罪

生活史戦略理論という「生き方」をはかるものさしを手にして，いよいよヒトという種の生活史の特徴を紐解いていこうという前に，生活史研究に関する注意点を述べておきたい。自身のものさしの功罪を知ることで，次節以降で述べる内容のより深い理解にもつながるはずだ。大きく二つあげる。

一つめは，生活史の特徴はあくまでも近縁種や同種他集団との比較によって浮かび上がってくるものだ，という点である。代表例であるr-K選択は，近縁種や同種他集団が異なる環境に置かれたときにかかる自然選択の差を議論するためのものなので，たとえばヒトはK選択，といったように種ごとにどちらかが決まるものではない。これからヒトという種の生活史の特徴について議論する際に，どのような生活史パラメータをどのような種・集団と比較した結果なのか，という点には留意されたい（本章では，ヒトの生活史として現生の狩猟採集民の生活史パラメータを参照することが多い）。

二つめは，生活史パラメータとして抽出される要素が集団の平均的特徴を示すことが多く，個体差が扱われることは少ない，という点である。生活史を種間比較する場合，個体差は要約統計量としての「データの裾野の広さ（散布度）」として要約されるか，外れ値として無視されることになる（たとえば，定型発達と比較した際の「発達の遅れ」をどのように扱うかは課題として残る）。比較の結果見えてくるヒトの生活史の特徴が，何を見出し，何を無視したものかについて，常に自省的になる必要がある（松本 2025も参照）。

# 2｜他種との比較によって見えるヒトの生活史

・・

### 霊長類の生活史の特徴――「ゆっくりとした」生活史

ヒトの生活史の特徴を考える土台として，まずは霊長類（哺乳綱霊長目に属する生物種たち）の特徴を概観する。ヒトを含む霊長類は比較的ゆっくりとした生活史をもつとされる。すなわち，他の哺乳類と比較して繁殖開始年齢が遅く，出産間隔も長い。千万年単位の進化の時間スケールで捉えると，霊長類のゆっくりとした生活史は，樹上という捕食圧の低い環境で生活するようになったことに起因している。捕食圧が低い，とりわけ乳幼児の死亡率が低いからこそ，霊長類はK戦略型の生活史を示すようになったと考えられる。

さらに，ヒトに遺伝的に近縁な大型類人猿（チンパンジー属・ゴリラ属・オランウータン属）とヒトを含むヒト科は，他の霊長類よりもさらにゆっくりとした生活史を示す。妊娠期間，新生児の体重，母親の体重に対する新生児の体重の比はいずれも高い値を示し，初産年齢も遅い。これらの特徴は，ヒト科の共通祖先が熱帯雨林を中心に生息していたことに起因する。熱帯雨林は他の霊長類の生息地に比べると季節変動が少なく，安定的に食物を獲得できるため，乳幼児の死亡率が低くなる。そのため，ヒト科の共通祖先は他の霊長類よりも子一人一人への投資量をさらに大きくし，よりK戦略型の生活史になったと考えられる。

・・

### 生理的早産と思春期スパート――「コストの大きい」脳の成長

大型類人猿と比較した際のヒトの身体的発達を概観するうえで，脳の影響は外せない要素である（長谷川他 2022）。現生の大型類人猿は，（体重にばらつきはあるものの）オトナの脳の重さが約450gである。一方，ヒトは1400gであり，単位体重当たりとしてもかなり大きい脳を有しているといえる。進化の歴史を見ると，直立二足歩行を始めた初期の人類，たとえばアウストラロピテクス属の脳容量は大型類人猿と変わらない。ホモ属出現以降のホモ・ハビリスの脳は約600g，ホモ・エレクトスは1000gと推定されており，ホモ属の出現とともに脳が大きくなっていったと考えられ，ヒト（ホモ・サピエンス）はその最たる例といえる。脳容量の増大は，新生児にも認められる。つまり，ヒトは直立二足歩行に伴って狭くなった産道をより頭の大きい新生児が通るという，大型類人猿や他のホモ属よりも困難な課題に直面することになったといえる（第7章参照）。

結論から述べると，ヒトの新生児は他の霊長類種と比較して，脳の発達が遅い状態で生まれてくる。つまり，二足歩行によって狭くなった産道を，脳が大きくなってしまう前に新生児が通ることで，上記の課題が解決されたと考えられている。また，ヒト以外の霊長類の新生児は，生まれて数時間から数日後には母親の腹部に自力でつかまって母親とともに移動することができるが，ヒトの新生児には難しい。このように行動学的にも発達の途上である点で，ヒトの生活史の特徴は「生理的早産」と表現される。さらに，脳が成長と維持に多くのエネルギーを必要とすることに着目した研究では，母親が胎児に供給するエネルギー量を，胎児の脳が必要とするエネルギーが上回るために，脳が大きくなる前に胎児は胎外へ出てくる，という生理的な説明もなされている。いずれにせよ，行動的にも生理的にも，ヒトが他の霊長類種と比べて早産である点は間違いない。

出生後，脳は3歳近くまで速い成長スピードを維持する。そして，5歳近くまでにオトナの脳の90％の大きさに達する。5歳以下の子は，摂取エネルギーの45～80％を脳の成長に費やすと推定されており，脳がいかに「コストの大きい」器官であるかが分かる。そして，12～14歳頃に，脳はオトナと同じ大きさに達する。脳の発達のパターンと関連して，ヒトの身長を基準とした成長速度も他

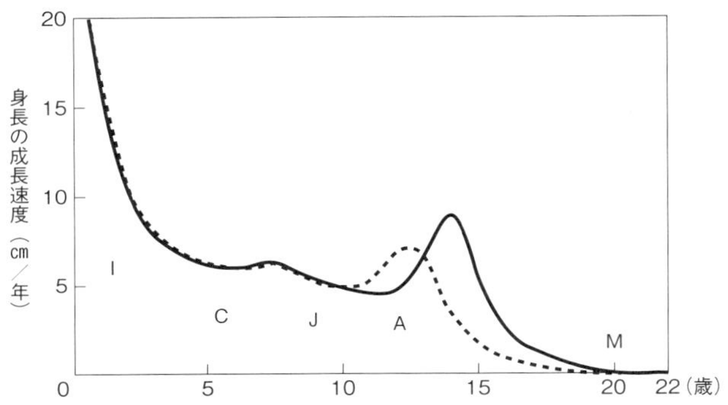


**図8-1　ヒトの身長の成長速度の発達変化**

出所：Bogin（1999）の図を筆者改変。

注：アルファベットはそれぞれ「I：アカンボウ期」「C：チャイルド期」「J：コドモ期」「A：ワカモノ期」「M：オトナ期」を示す。破線は女児，実線は男児のデータを示す。

種と異なる発達のパターンを示す（図8-1参照）。ヒトの成長速度は12～16歳程度（男児の場合。女児は若干早い）の時期に一時的に速くなることがあげられる。この現象は「思春期スパート」と呼ばれる。思春期スパートは，脳がオトナと同様の大きさになるとともに，それまで脳の成長に回されていたエネルギーが体の成長に回されるようになるために生じると考えられている。思春期スパートが生じたのは少なくともホモ・エレクトスの時代以降であると考えられており（Bogin 1999），やはり脳容量の増大との関連性が示唆される。

••

### 長寿と閉経——おばあちゃん仮説

個体が生まれてから死ぬまでの期間を寿命という。寿命は生理的寿命と生態的寿命に分けて扱われる。生理的寿命はその種の潜在的な最大寿命であり，ヒトでは120歳程度と推定されている。一方，ほとんどの個体は病気などさまざまな要因で生理的寿命に到達する前に死ぬ。その結果，実際に観察される寿命を生態的寿命と呼ぶ。本章では生態的寿命をたんに「寿命」と呼ぶ。

多くの哺乳類では，繁殖の終了時期は寿命（死ぬ時期）とおおむね一致している。一方，ヒトの女性はおよそ45～55歳で閉経を迎える。つまり，受精可能な卵子の枯渇に伴い繁殖不可能となる。ヒトの寿命を一概に何年と表現することは難しいが，先進国のような医療制度が存在しない狩猟採集社会においても70歳以上まで生きる人もいる。ヒトに最も遺伝的に近縁なチンパンジーの野生下での最高寿命が60歳程度と推定されていることからも，ヒトは潜在的に長寿の種と考えられる。そして，寿命が尽きる前に自身の繁殖能力を失うこと（閉経），そして閉経後も続く長い寿命（長寿）が，他種と比較した際のヒトの生活史の特徴である。

閉経後の長寿の適応的意義として，「閉経した女性が生き続けて娘の育児を支援すれば，孫の生存率が上がり，包括適応度を高められる」というおばあちゃん（祖母）仮説が提唱された。たとえば，タンザニアのハッザと呼ばれる人々の社会の祖母は，孫世代の食料供給に大きく貢献しており，祖母がいる方がいない方よりも孫の生存率が上がることが示されている（Hawkes et al. 1997; 1998）。また，カナダとフィンランドの調査（Lahdenperä et al. 2004）では，住民台帳記録に基づいて祖母の生死と孫の誕生との関連性が検討され，祖母が存命の場合，死亡している場合よりも孫が早くたくさん生まれていることが分かっている。ヒト以外の哺乳類では，シャチやコビレゴンドウの雌にも閉経があることが示唆されている。そして，雌は雄よりも寿命が長く，閉経後も集団内の個体の世話や知識・技能の伝達を担うことが示唆されている（Ellis et al. 2018）。

## 3｜他者との関わりの中での「生き方」

### 多産と早期離乳――捕食圧の高い環境への進出

ヒトは現生の大型類人猿と同様に全体的にゆっくりとした生活史を示す一方で，大型類人猿よりも多産である。すなわち，ヒトの出産間隔が3〜4年であるのに対して，チンパンジーは5〜6年，ゴリラは4〜5年，オランウータンは7〜8年である（オランウータンの出産間隔が霊長類で最長であることも特筆すべき点である）。つまり，ヒトの生活史は成長という観点からはおおむねK戦略型の生活史を示す一方で，繁殖の点でr戦略型であり，進化の系統樹を考えるとある種「ねじれた」生活史となっている。その理由として，ヒトを含む人類の共通祖先が，安定した熱帯雨林から乾燥地帯という，捕食圧が高く食物環境の不安定な地域へと生息地を移したためと考えられる。ヒトの祖先は，他の霊長類と同じく成長に時間をかけるゆっくりとした生活史を維持しつつも，短い間隔で次子の妊娠と出産を行う戦略をとったといえる（山極 2012）。乾燥地帯に生息することによる出産間隔の変化はヒト以外の霊長類種でも確認される。たとえば，乾燥地帯で暮らすパタスモンキーは，森林に生息する近縁種と比較して出産間隔が短い（Nakagawa et al. 2003）。

さらに，ヒトの出産間隔が短くなる背景として，離乳時期の早期化（早期離乳）があげられる。母親が次子を短い間隔で産んだとしても，今いる子の死亡率が顕著に高まるようであれば，「子孫を多く残す」ことには直結しない。そこには，次子を早く産むという母親の戦略と，母親からより長く保護や授乳を受けようとする現在の子の戦略とのせめぎ合いがある。トリヴァース（Trivers 1974）は，離乳という現象が，そうした母子間の利害の対立によって生じることを適応的観点から示した。ヒトを含む霊長類の子は，生まれた直後は栄養や移動などを母親にほぼ完全に依存する存在といえる。しかし，成長に伴って子自身での栄養獲得や移動が可能となる。母親が「子孫を多く残す」ためには，子の生存可能性がある程度高くなるまでは現在の子への投資をやめるべきではない。しかし一方で，母親は次子を産むことで「子孫を多く残す」こともできる。さらに，母親から見ると，現在の子も次子も血縁度は0.5だが，離乳しようとしている現在の子から見ると，次子との血縁度は0.25（ただし父親が同じなら0.5）となる。つまり，母親から次子への投資（栄養・保護など）の価値は，現在の子にとっては相対的に低くなる。そのため，母親が次子へと資源の投資先を変えようとする時期において，現在の子はなるべく多くの投資を受けようとし，結果母子間には利害の対立が生じる。トリヴァース（Trivers 1974）の示した親子間コンフリクト理論は，そうした母子間の利害対立の結果，生活史形質としての離乳時期が決まっていることを示したモデルである。

• • •

### 離乳食――母親の育児負担の軽減

離乳の早期化に重要な役割を果たしたヒトの特徴の一つとして，「離乳食」の導入があげられる（Bogin 1999）。前述のとおり，脳の成長に多くの栄養を必要とするヒトの子に対し，母乳以外の代替食物で栄養を供給することにより，母親は次子への資源の投資（すなわち次子の妊娠）を早めることが可能となった，という説だ。他種の食物移動と比較した際に，ヒトの離乳食の特徴は大きく二つ指摘できる。

一つめは，母親以外の個体から幼児に栄養を供給できる点である。ヒト以外の霊長類において，他個体から幼年個体に対して積極的に，また習慣的に食物が提供されることはほとんどない（ただし，マーモセット科の離乳前個体を除く）（Jaeggi & van Schaik 2011）。前節で説明したように，閉経後の祖母を含む他個体が幼児の世話をし，離乳食を与える，といった「共同保育」が，生活史と関連したヒトの社会の特徴といえる。

二つめは，食物の加工が行われる点である。母子間での食物移動が比較的多く起こる霊長類種においても，分配される食物はしがみかすなどが多く，またあるいは量が少ないため，栄養摂取としての役割は小さいと考えられている（e.g. チンパンジー：Nishida & Turner 1996）。加えて，消化器官が発達途上であり，オトナ同様の食物を嚥下（えんげ）・消化・吸収することが困難な霊長類の幼年個体にとって，母乳から野外環境下での食物に栄養源を移行するのは多くの時間を要する。その点，熱を通す等の処理によって食物を嚥下・消化・吸収しやすい状態にし，さらに殺菌した状態に加工した離乳食は，ヒトの子の離乳を早期化することに寄与したと考えられる。

化石証拠からは，早期離乳は220万年前に始まっていたと推測されている。つまり，ホモ・ハビリスの頃にはすでに離乳の早期化が起こっていた。早期離乳によって，他個体からの食物分配や世話に依存する幼い個体が集団内に増加したはずである。ホームベースを構える生活様式や，二足歩行による食物の運搬，高齢個体を含む他個体による共同保育，火の利用など，早期離乳は人類の進化史における重要なトピックとの関連性が指摘される（e.g. Humphrey 2010）。

•••

### 発達段階――チャイルド期・ワカモノ期

最後に，ヒトの生活史における発達段階（ライフステージ）について説明し，本章のまとめとしたい。生活史における最も重要なイベントとして，出生・離乳・繁殖開始があげられる。哺乳類における発達段階はこれらを境界とし，出生から離乳までのアカンボウ期（infancy），離乳から繁殖開始までのコドモ期（juvenility），繁殖開始後のオトナ期（adulthood）が典型的に認められる。ボジン（Bogin 1999）は，さらにホモ属に特有の発達段階として，チャイルド期（または幼児期）（childhood）とワカモノ期（adolescence）を定義した（図8-2参照）。チャイルド期とは，授乳の終了（栄養的な離乳）後も他個体からの離乳食や世話に依存する時期を指す（ただし，Crittenden et al.（2013）も参照）。ヒト以外の霊長類において，離乳時期と永久歯（第一大臼歯）の萌出時期はおおむね一致しているか，離乳時期の方が遅い（e.g. Smith 1992）。しかし，ヒトの離乳時期はおおむね3歳頃であるのに対し，永久歯の萌出は6歳頃であり，離乳時期の方がタイミングとして早い。つまり，離乳後（授乳の終了後）も「独り立ち」と考えられる身体的発達までに至っていないと考えられており，この間がヒトにおけるチャイルド期とされる。ワカモノ期は思春期（puberty）といわれることもあり，「思春期スパート」によって性成熟に至る劇的な身体発達の時期を指す。加えて，ヒトの狩猟採集には多くの知識と技術の習熟が必要と考えられており，コドモ期から技能習熟に至るまでの長い期間を思春期と呼んで区別することが提

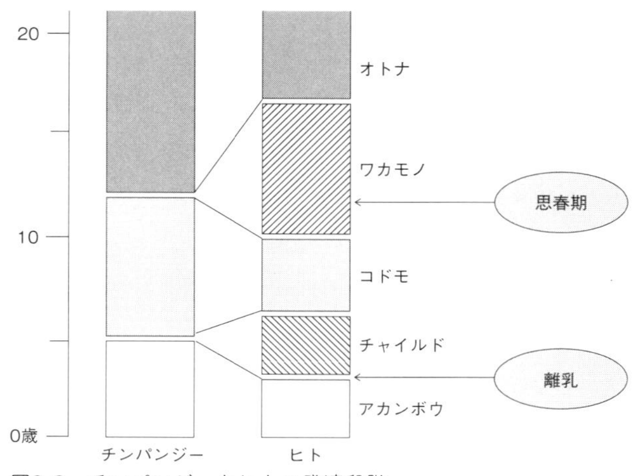


図8-2　チンパンジーとヒトの発達段階
出所：Bogin（1999）の図を筆者改変。

案されている（図8-1，8-2参照）。

ヒトに特異的な発達段階が提案されている一方，発達段階の定義は研究対象の種や性によって微妙に異なることが指摘できる。ボジン（Bogin 1999）は一般的な哺乳類の発達段階の定義をチンパンジーに適用し，チンパンジーの発達段階を図8-2のようにアカンボウ・コドモ・オトナに分けた。しかし，ヒト以外の霊長類を対象にした研究においては，一般的な哺乳類とは異なるコドモ期とワカモノ期の定義づけがなされることも多い。その理由として，霊長類以外の哺乳類では離乳すると間もなく性成熟に達して繁殖を開始するが，霊長類は離乳・性成熟・繁殖開始間のギャップが大きいことがあげられる。たとえば，チンパンジーの離乳年齢は4～5歳とされているが，チンパンジーの雌の性成熟は8～10歳頃とされており，離乳と性成熟の間の時期がコドモ期とされる。また，初産を迎えるのは12～14歳頃であることが多く，性成熟から繁殖開始までの時期がワカモノ期とされる。性成熟と初産の間のギャップは「ワカモノ期の不妊」と呼ばれており，多くの雌はこの時期に他集団へと移籍する。一方，チンパンジーの雄は性成熟直後から子を残す（繁殖開始）ことがあるため，「すべてのオトナ雌から挨拶行動を受ける」などの他個体との社会的なやり取りを基準にワカモノ期とオトナ期を区別する。

発達段階は，一定の定義で種間を比較し，たとえばヒトに特有の発達のしかたについて考察することができる有意義な概念である。ただし，それぞれの発達段階を「オトナに至るまでの途中段階」と考える点には注意が必要である。発達心理学において，アカンボウ・コドモ期は将来的に必要な能力を身につけるだけでなく，オトナとは異なるアカンボウ・コドモ期に特有の課題に対処する時期と位置づけられている（e.g. Maestripieri & Roney 2006）。たとえば，人類の進化過程が描かれる際に，幼児はキャンプに置かれ，オトナから食物を与えられる受動的な存在として語られることが多い。しかし，現生の狩猟採集民を対象とした研究から，キャンプにいる幼児は，自身の食物をオトナの手助けなしに獲得していることも示されている（Crittenden et al. 2013）。つまり，それぞれの発達段階における行動は，オトナへの移行期間という側面だけでなく，個体を取り巻くそれぞれの発達段階特有の生態的・社会的環境との相互作用の結果として捉える必要がある。総じて，「ゆっくりとした」生活史をもつ霊長類の行動（の発達）を捉えようとするとき，個体は各々の発達段階によって異なる課題に直面しているという観点から，それぞれの発達段階の行動を詳細に記述・分析する必要がある（松本 2023）。

•••

### 「生き方」に関する知見と道徳——結びに代えて

本章では，ヒトの「生き方」の自然人類学的（生物学的）基盤に関する知見を紹介し，ヒトの生活史と社会との関連性とを概説した。結びに代えて，これらの知見をどう捉えるかについて申し添えておきたい。それは，生物種として一般的な特徴だからといって，道徳的に正しいということにはならない，ということである。たとえば，本章で紹介したおばあちゃん仮説は，閉経を伴う長寿の進化生物学的な説明として，閉経後のおばあちゃんが孫の世話を手伝うなど家族に恩恵をもたらすことを指摘する。しかしながら，こうした特徴から「おばあちゃんは孫の世話をするべき」といった主張を展開する（道徳的な価値観を導き出す）のは誤りである。生活史研究の目的は，捉えがたい「生き方」を種間比較し，あくまでも生物種としてのヒトを相対化することである。現代の社会問題等に安易に結びつけることを避け，種間比較の基準の功罪を常に自省しながら，「われわれがどこから来て，何者で，どこへ行くのか」を考え続ける姿勢が大事だと思われる。

Case Study ｜ ケーススタディ 8

# 進化の隣人，チンパンジーの生活史の調べ方

ヒトの「生き方」を相対化するうえで，ヒトに遺伝的に最も近縁な現生種の一つであるチンパンジーの生活史は重要な示唆を与える。ヒトを対象とした研究の場合は，たとえば「お子さんの授乳をやめたのはいつですか」といったアンケートをとることで生活史に関する情報を収集できる。しかし，このような方法がとれないチンパンジーの生活史はどのように調べられるだろうか。

まず，飼育下のチンパンジーの情報を集める，という方法があげられる。たとえば動物園で生まれた個体であれば，出生体重や妊娠期間などの詳細な記録があるだろう。緻密な生活史パラメータを収集できることが飼育下の動物を研究対象とする強みである。一方，飼育下の動物は一般的に野生下よりも栄養条件がよいことが多く，母体の栄養状態がよくなるため出産間隔が短くなる傾向が指摘されている。人類の進化史を解明することが大きな目的の一つである自然人類学においては，特に，進化の舞台である野生下でチンパンジーの生活史を調査することが重要となる。

野生チンパンジーの生活史を調べる方法は，（当たり前のようだが）とにかくまず観察することである。野生動物はヒトが近づくと逃げ去ってしまう。そのため，チンパンジーにヒト（観察者）の存在に慣れてもらうことが第一歩である。その後，チンパンジーの顔を覚えて名前をつける（個体識別法）。野生動物の顔を覚えると聞くと大変そうに思えるかもしれないが，たとえば飼っているイヌなど，何度も顔を合わせていると自然と覚えられるようになるものである（筆者自身の経験では，体臭や歩き方だけで識別できるチンパンジー個体もいる）。個体識別後，さらに毎日観察を続けることで，雌の出産や個体の死亡（あるいは消失），身体と行動の発達過程など，生活史に関する情報を蓄積できる。

2024年現在，野生チンパンジー調査の歴史は60年近くとなる。とても長いように思われるかもしれないが，チンパンジーの寿命が60年程度なので，よう

やく人類はチンパンジーという一つの生物種の一生涯分のデータを蓄積できた，ともいえる。たとえば大腸菌がものの数十分で世代交代することを考えると，研究者人生をかけてもチンパンジー1世代分のデータを集めることが難しいとは，あまりに途方もない営為である。野生チンパンジーの生活史を解明するためには，われわれ（ヒト）も世代を超えて調査を続けることが重要になる。

野生チンパンジーの長期調査によって，これまで想定されてこなかったチンパンジーの「生き方」も明らかになってきた。たとえば，チンパンジーの雌の多くは性成熟の前後で出自集団から移出する傾向がある。出自集団内には，雌にとって血縁上の父親や（少なくとも父母どちらかが同じ）兄が在籍している可能性があるため，雌の移籍には，近親交配による遺伝的な疾病のリスクを避ける機能があると考えられている。一方，複数の調査地で生活史に関するデータが蓄積され，これまで例外とされてきた「出自集団で居残って出産する雌」が，すべての調査地で例外なく（一定の割合で）存在することが明らかになった（Matsumoto et al. 2021）。つまり，雌にとって出自集団に居残って出産することも，「生き方」の選択肢の一つである可能性が明らかになった。

そして，雌の居残りがチンパンジーの集団間で共通した特徴であるとすれば，これまで想定できていなかった祖母～孫関係を観察可能ということになる。実際，私はチンパンジーの親子三代のやり取りを観察し，祖母と孫が遊んでいる間に母が離れた他個体に毛づくろいをしに行く，といったやり取りを観察している。ヒトの「祖母仮説」のように，チンパンジー社会においても「祖母」は重要な役割を果たしているかもしれない。つまり，野生チンパンジーの地道な長期調査によって，進化の時間スケールにまで話が及ぶような，新しい現象を発見することにもつながるのである。自然が微笑むときを逃さないように，霊長類の生活史と同じく「ゆっくりと」時間をかけて研究に臨む姿勢が肝要だろう。

## Active Learning　アクティブラーニング 8

**Q.1**

### 「成人」とは何か

2018年に，民法の定める成年年齢が18歳に引き下げられた。それでは，「成人」と呼ばれる人たちはどのような特徴をもつと社会的に見なされており，それはヒトの生活史の中でどのように位置づけられるものだろうか。

**Q.2**

### 生物学的年齢とは?　たとえば，ヒトの20歳はイヌの何歳か

近年，生物に共通の年齢の指標として，DNAのメチル化のパターンが加齢に伴って変化することが注目されている。このような生物学的年齢の推定方法について調べ，生活史の種間比較に応用可能かを検討してみよう。

**Q.3**

### 個性は発達過程でどう形作られるか

現代日本社会では，多様性を尊重しよう，という風潮がある。それでは，人それぞれの個性とは，遺伝的に決まるものだろうか。それとも育った環境で決まるものだろうか。グループで討論してみよう。

**Q.4**

### お乳は母親が子に与えるものか

子育ては基本的に母親がするもの，という認識は正しいだろうか。たとえば，粉ミルクがない江戸時代でさえ，「お乳を母親からもらうこと」は当たり前ではなかったようである。少し昔の子育てについて調べてみよう。

第9章

# サルの社会とヒトの社会

## 何が個体同士の関係性を形作るのか

徳山奈帆子

「人という字は人と人とが支え合っている姿を現しているのだ」と，とある有名ドラマのセリフにあるが，実際には人という漢字はたんに横向きに立つ人の姿を示す象形文字なのだという。とはいえ，人間は社会性をもつ動物であり，多くの場合一人では生きていくことができない。人里離れた場所で一人暮らしをする人はいても，物資の交換や購入などの人との関わりをまったくもたない暮らしは成り立ちにくいであろう。一方で，人々が抱える悩みの多くは人間関係によるものだ。特に現代のわれわれは，高度に情報化し，人々が移動して入り混じる中で，誰とどのような関係を構築し，それをどのように保っていくか常に判断し続けることを強いられているのである。

ヒトの社会はどのように進化してきたのだろうか。これまでの章でも触れられてきたように，化石や古人骨から，人類が進化の過程でどのような生活を送っていたか推測することができる。とはいえ，個体同士がどのようにコミュニケーションを行い，どのような社会生活を営んでいたかは，化石にはっきりとは残らない。そこで，本章ではヒトと進化的に近い動物，つまりヒト以外の霊長類（以下，霊長類）における研究を通じてどのように社会が形作られるのかを考えていこう。

KEYWORDS #集団 #親和関係 #専制と平等 #寛容性 #仲直りとなぐさめ

# 1｜霊長類の集団形態の多様性

・

### さまざまな霊長類の集団

霊長類は，原猿類の一部と大型類人猿のオランウータン以外のほとんどの種において集団を形成する。集団の構成員は，個体同士の行動圏が重複していたり資源を共有したりするだけではなく，お互いに認識しあいながら長い期間（多くの場合，数年以上）をともに過ごし，社会的な関係性を築くのだ。人の社会関係と大きく異なるのは，基本的には霊長類は，自らの集団の個体とのみ関わって社会生活を送ることだ。移籍により集団のメンバーが入れ替わったり，集団同士が出会ったりすることもあるが，他集団の個体との社会交渉はめったにあることではない。

霊長類の集団形態はまず，集団内のオトナの雄・雌の数により分類される。1頭の雄と1頭の雌で構成される集団は単雄単雌型，1頭の雄と複数頭の雌ならば単雄複雌，1頭の雌と複数頭の雄ならば複雄単雌，複数の雄と複数の雌ならば複雄複雌型と分類される。単雄単雌型はペア，単雄複雌型はハレムと呼ばれることもある。

さらに，その集団が継承されるかどうか，継承されるなら，どちらの性別によるものかによっても分けられる。生まれた個体がすべて性成熟後に出自集団から分散する双系の集団では，継承性はないと見なされる。雌が出自集団に残り雄が分散する集団は母系，逆に雄が出自集団に残り雌が分散する集団は父系と分類される。

霊長類には実にさまざまな集団形態が存在する。たとえば，われわれ日本人にとって身近なニホンザルは母系の複雄複雌集団，チンパンジーは父系の複雄複雌集団で暮らす。南米に生息するコモンマーモセットは複雄単雌の集団を作ることがある。雄の大きな鼻と太鼓腹が特徴のテングザルは継承性がない単雄複雌集団で暮らすが，若い雄や雌をめぐる競争に負けた雄たち同士は集まって雄集団を形成する。

このように「誰と一緒に暮らすか」という集団形態の分類を見るだけでも，霊長類の社会の多様性が分かるだろう。また，種によって基本の集団形態は決まっているが，おかれた環境によってある程度の柔軟性も見られる。ニホンザルの雄は集団間を移籍するが，餌付けが行われている場所では出自集団に残る雄も見られる。亜種の関係性にあるヒガシローランドゴリラとマウンテンゴリラにおいては，ヒガシローランドゴリラの集団は単雄複雌であることがほとんどであるのに対し，マウンテンゴリラでは血縁のある雄を複数含む複雄複雌集団が40％程度の割合で見られる（山極 2015）。

・

### 集団形態を決定するファクター

集団で生活することにはメリットとデメリットの双方が存在する。たとえば，単独よりも複数の個体で警戒した方が捕食者の接近に気が付きやすくなるが，複数個体でいることで目立ち，捕食者からも気が付かれやすくなる。集団内の個体が多くなればなるほど，他の集団との競合には有利で大きななわばりを保持できるだろうが，集団内での争いが増えてしまう。多くの個体が一緒にいると，伝染病や寄生虫が流行する可能性も増える。霊長類に限らず集団を作る動物では，これらのメリット・デメリットのバランスが集団のサイズや形態を決定していると考えられている。たとえば前述のテングザルだと，雄同士の繁殖をめぐる競合が激しく，雌がいる集団では複数の雄が共存できない。しかし雌がいなければ繁殖ができない代わりに競合も生じず，捕食者対策などその他のメリットがあるため雄同士で雄集団を作るのである。

集団生活の一つの大きな問題点が，ほとんどの場合で繁殖相手が集団内の個体に限られることだ。集団内に血縁関係がある異性が存在した場合，近親交配に伴う近交弱勢が起こる可能性がある。片方，および双方の性が分散するのは，このような近親交配を避けるためであると考えられている。出自集団を離れるのは，知らない場所に行き，知らない個体と新たな関係性を築くというリスクもコストも非常に高い行動である。したがって，妊娠・出産のコストが高い雌が出自集団に残り雄が分散する母系集団を形成する種がほとんどであり，父系集団をもつのはヒト科，クモザル亜科，コロブス亜科のうちの限られた種のみである。

### 離合集散

霊長類では基本的に集団のメンバーが常に一緒にいるが，時に一時的な小集団に分かれることもある（離合集散）。特にチンパンジー属のチンパンジーとボノボ，クモザル亜科のクモザルとムリキは離合集散性が高い。これらの種の小集団の構成は流動的に入れ替わり，小集団同士が分かれてからすぐに再会することもあるし，数日から数週間，時には数ヶ月も分かれたままで過ごすこともある。小集団同士が音声でコミュニケーションをとる範囲にいることもあれば，声が聞こえない範囲まで離れることもある。チンパンジーやボノボの小集団はパーティと呼ばれ，そのサイズは食物量や雌の発情の有無，隣接集団との遭遇の可能性などによって変化する。また，パーティの構成はランダムではなく，どれくらい同じパーティで過ごすかで個体同士の関係性を判断することもある。

オランウータンは単独生活者であると考えられてきたが，果実が豊富なときには数個体が集まってともに採食をしたり，母親同士が集まって子どもを遊ばせたりすることもある。オランウータンが暮らす東南アジアの熱帯雨林は果実生産量の年変動が激しく，数年に一度，複数の種の樹木が一斉に開花・結実する。この一斉結実期以外では，森林の果実生産量は大きな体のオランウータンに必要なエネルギー量を満たすのに十分ではない。このような厳しい環境で他の個体と常に行動をともにすることはできないが，近年の研究ではオランウータンは数ヶ月，数年単位で他個体と出会ったり離れたりを繰り返す緩やかな離合集散による社会を築いている可能性が示唆されている。他の霊長類よりもはるかに長いタイムスケールで出会うオランウータン同士の関係性を検討するためには10年単位の長期的な研究が必要だ（久世 2018）。

## 2｜仲間との付き合い方

### 個体間の良好な関係性の構築

前述のように，霊長類の社会関係は基本的に集団内で閉じており，出生，移籍，死亡を除いて同じメンバーがともに暮らす。たとえば，ニホンザルの雌が2頭同じ年に生まれたとすると，その2頭は一生を同じ集団で過ごすことになるのだ。そのような中で，集団内で誰とどのような関係性を築くかは，個体の生存と繁殖にとって重要である。

それでは，霊長類はどのように個体間関係を築くのだろうか。まず，個体が生まれもった血縁関係がある。血縁関係の重要性は種によって異なるが，おおむね血縁関係がある個体同士はそうでない個体同士よりも強い親和・協力関係をもつ。とはいえ，その関係性も何もしなければ途切れてしまう。親和的交渉を繰り返し行うことで関係性を維持することが大切なのだ。

写真9-1　毛づくろいを行うニホンザル（筆者撮影）

集団性霊長類のほとんどが，毛づくろいを行う（写真9-1）。相手の毛皮をかき分けて，シラミの卵やふけ，ゴミなどを見つけると，母指対向性（第1章，第2章参照）により小さなものを器用に摘まむことができる指で取り除くのだ。原猿類では，毛づくろい用の櫛状の前歯をもつ種もいる。毛づくろいは，あるシーンを切り抜くと「する側・される側」が存在する一方的な行為だが，しばらくすると毛づくろいする側とされる側の交代が起き，双方向的な行為であることが分かる。毛づくろいはお互いの体の衛生を保つ協力的行動であり，相手に近接して触れるという親和的交渉でもある。ほかにも種によってさまざまな，時にわれわれからは奇妙に見える親和的交渉が行われる。たとえば，ダスキーティティは休息の際に親密な個体と尾を絡め合い，ベニガオザルの雄は急所である顔や睾丸を甘噛みしあうことでお互いの良好な関係性を確認する（写真9-2）。

このような親和的交渉により築かれ維持される友好的関係性は，採食の際の寛容性や食物分配，攻撃交渉の際のサポートに結びつき，集団生活から得られるメリットを最大化する。実際に，アヌビスヒヒにおいて，多くの雌と良好な関係性を築いている雌ほど，長生きをして多くの子を残すことが分かっている（Alberts 2019）。

写真9-2　睾丸（左）あるいは顔（右）を甘噛みするベニガオザル（豊田有撮影）

・・

### 専制社会と平等社会，そして寛容性

目の前に食べ物が一つあるとする。そこにいるのが一頭だけならば，たんにそれを手に取り，食べればよい。しかし複数個体がともにいると，ことは複雑になる。その食べ物を誰が食べるのか。一頭で食べるのか，それとも分け合うのか。集団生活を送るうえで避けられないのが，食物や繁殖相手といった限られた資源をめぐる個体間の利害の対立である。その対立は攻撃交渉を引き起こすことがあるが，長い期間をともに過ごす相手と対立するたびに攻撃交渉を繰り返していると大変である。順位（第10章参照）が確立された個体間だと，対立の際に劣位者が優位者に譲ることで攻撃交渉が起こりにくくなる。

霊長類の社会を，その種がもつ順位関係の厳しさにより分類することができる（Matsumura 1999）。順位関係が直線的にはっきりとしていて，攻撃交渉の際に劣位者が優位者に対しすぐに引き下がるパターンが頻繁に見られるとき，その種は専制型社会をもつとされる。逆に順位関係がはっきりせず，劣位者から優位者への反撃が頻繁に見られるとき，その種は平等型社会をもつとされる。平等型という言葉からは，争いが少なく平和的というイメージがあるかもしれないが，実際には「どちらが譲るか」がはっきりと決まらない平等型社会の方が攻撃交渉，特に身体的接触を伴う闘争がより頻繁に起こる（豊田 2023）。

順位関係の明確さとともに重要なのが，優位者が劣位者に対してどれくらい寛容であるかだ。ニホンザルは専制的社会をもち，さらに優位者から劣位者への寛容性も低い。そのような場合，優位者が資源を独占しがちになる。一方でボノボにおいてはケンカの勝ち負けからははっきりした直線的順位があるものの，寛容性が非常に高く，優位個体と劣位個体が近接した状態で採食を行うことができる。

専制的－平等的，非寛容的－寛容的という2軸で表す社会の違いは，種における傾向として示されることが多いが，種内でも個体群や集団によってかなりのバリエーションが見られることが分かってきた。たとえば，基本的に専制的で非寛容なニホンザルの中でも，兵庫県淡路島に生息するニホンザルは非常に寛容性が高く，個体同士が頭を突き合わせて採食を行う様子が見られる。また，香川県小豆島のニホンザルは攻撃交渉の際の反撃が多く，比較的平等的な社会をもつ。

### 仲直りとなぐさめ

円滑な社会生活のために，霊長類の集団には親和関係の構築や順位制などの争いを避ける仕組みが存在する。それでも，ほとんどの霊長類において攻撃交渉は日常的に起こるものである。攻撃が起こったとき，社会関係へのダメージを最小限に抑える行動が仲直りとなぐさめである。

攻撃交渉のあとには当事者間で毛づくろいなどの親和的交渉が行われることが，攻撃が起こらないときよりも多くなる。この「仲直り」は，短期的には攻撃交渉を明確に終了させて再度攻撃が起こることを防ぎ，より長期的には攻撃により傷ついた関係性を修復するために行われると考えられている。実際に仲直り行動は，親密な関係性（つまり，修復すべき関係性）をもつ個体同士がケンカをした際によく見られる。

「なぐさめ」は，攻撃交渉後に，その攻撃に関係なかった第三者が敗者に近づいて親和的にふるまう行動だ。敗者を落ち着かせることで攻撃交渉が長引くことを防ぐと考えられている。攻撃交渉が長引けば第三者もとばっちりで攻撃を受けることがあるので，なぐさめは敗者のためだけではなく自分にも利益がある行動なのだ。

## 3｜集団外の相手とどのように付き合うか

### 集団の内と外

前述のように，限られた機会を除いて霊長類の社会関係，特に親和的な関係は集団内で閉じられたものである。集団間の関係は，多くの場合，排他的あるいは敵対的だ。そもそも集団を作る一つの理由が，食物や繁殖相手などの資源を共同で防衛することなのである。集団内関係と同様に，集団間関係も資源の防衛のコストやリスクと，防衛により得られるメリットなどのバランスによって決定される。果実のように高品質かつ局所的に存在する資源は防衛が比較的容易かつ一集団で独占するメリットが大きいため，果実食の種は比較的集団間関係が排他的である傾向にある。逆に草本や葉など均一的に存在する資源は防衛しにくいため，集団間の遊動域（行動圏）の重なりが大きく，集団間の排他・敵対性も低い傾向がある。もちろん食物だけではなく，繁殖に季節性があるか，よい休憩場所が多いかどうかなど，さまざまな要因が集団間関係に影響する。

敵対的・排他的といっても，集団同士が常にケンカをしあっているわけではない。匂い付けや鳴き声などによりお互いの存在を確認しあい，むやみにぶつかりあうことを避けるのだ。チンパンジーの集団同士は非常に敵対性が高く，直接的に集団同士が出会うと激しい闘争が生じるが（第10章参照），雄が遊動域の周辺を歩くパトロールの際に隣接集団と遭遇しても，多くの場合は鳴き交わしののちにお互いに避け合って闘争にはいたらない（グドール 1990）。

•••

### ヒトと霊長類の重層社会

ヒトの社会は，家族（一夫一妻，一夫多妻，多夫一妻など文化によってさまざまな形がある）を核として，親戚関係，地域社会，国家，民族などさまざまなレベルのまとまりをもつ。このような階層的な構造をもつ社会を重層社会という。

霊長類において重層社会はゲラダヒヒとマントヒヒにおいてのみ見られると考えられてきたが，近年，コロブス亜科のシシバナザル（キンシコウを含む仲間）やテングザルなどにも社会の重層性が見出されつつある（Grueter et al. 2012）。ゲラダヒヒにおいては，ユニットと呼ばれる単雄複雌群が複数，寄り集まったり離れたりするいわば集団を単位とした離合集散のような様相を示す。キンシコウにおいては複数の単雄複雌ユニットが日常的に行動をともにしており，親和的行動は基本的にユニット内に限られることやユニット間に順位関係があることが知られている。このような複数集団の集まりはバンドと呼ばれる。また，大型類人猿においてもボノボは食物が豊富な時期に複数集団がともに行動することがあり，マウンテンゴリラも雄間に血縁関係がある場合は集団間で親和的な関係性を築くことがある。ボノボやマウンテンゴリラは日常的に必ず集団同士の関わりが見られるわけではないが，集団を越えた地域での関係性をもつことができるという点で重層的な社会をもつともとれるだろう。

ヒトに進化的に近い種だけではなく，いくつかの異なった系統で重層的な社会が見られることからいえるのは，階層化を理解する高い認知能力があるから社会が重層化するわけではないということだ。ヒトの重層社会を理解するためには，それぞれの種がどのような環境下で，どのように重層性を獲得したのか解明することが必要である。

• • •

### ヒトとボノボにおける,「外」に開かれた社会

基本的には集団内で閉じた社会関係をもつヒト以外の霊長類に比べ，ヒトの社会関係は「閉じない」という点で特殊だといえよう。ヒトの「内」と「外」への意識は非常に強くかつ敏感で，実験のためにランダムに配属されただけであっても，同じチームの仲間に対して友好・協力的に，相手チームに対して敵対的にふるまう傾向がある。国家同士で戦争が起こるし，異なる民族に対して敵対的な思想をもつこともある（第10章参照）。しかしながらヒトは，まったく見知らぬ相手に対し親切にふるまうことができたり，国や民族，言語の違いなどあらゆる境界を越えて，親和的関係を築くことができたりすることもまた事実である。このような内にとどまらない外の相手との交流は，モノや情報などの交換により自らの属するコミュニティに利益をもたらしただろう（感染症のような不利益を同時にもたらすことも確かであるが）。

霊長類で例外的に，ボノボは集団の「外」に対して友好的にふるまうことができる。姉妹種のチンパンジーの集団間が霊長類の中で特に排他・敵対的であることと対照的だ。前述のように，ボノボは主食である果実が豊富な時期になると，複数集団が数時間から数週間を一緒に過ごす（坂巻 2021）。夕方になると集団ごとに分かれて眠ることが多いが，日中にはまた引かれ合うかのように出会うのだ。集団間の攻撃交渉もあるが，死に至るような激しい攻撃は観察されたことがない。集団同士はただ近くにいるだけではなく，異なる集団の個体同士で毛づくろいや交尾，食物分配などさまざまな親和・協力的交渉が交わされる（写真9-3）。狩猟により得た大好物である肉を分け合うこともあるほどだ。飼

写真9-3　三つの集団のボノボたちが毛づくろいをしている様子（筆者撮影）

育下の実験では，自分の集団の仲間より，異なる集団の個体と食べ物を分け合いたがる傾向も見られた（Tan et al. 2017）。

集団の外に対する友好性は，ヒト・ボノボ・チンパンジーの共通祖先から受け継いだ性質で，ボノボとチンパンジーが分かれた後にチンパンジーにおいてその性質が失われたのだろうか。それとも，ヒトとボノボで独自に獲得されたものなのだろうか。チンパンジーにおいても，集団間の致死的攻撃が起こる頻度には地域による違いがあり，種の違いと考えるよりも地域・集団ごとのバリエーションとして捉えるべきだという意見もある。どのような環境条件下で外に開かれた社会が形成されうるのか，集団・地域差も考慮したヒト・ボノボ・チンパンジーの近縁種間，そして霊長類全体，さらには他の系統の動物に広げた理解と比較が必要である。

Case Study ケーススタディ 9

## キツネザル類とボノボの雌優位社会

ヒトの社会において，男女の社会的地位の違いはさまざまだ。スウェーデンでは2021年，初の女性首相が就任し，2024年現在の女性議員割合は50%近い。一方で日本の国会議員の女性比率（2024年）は16%である。まだまだ，日本の社会の要所々々における意思決定は男性が担う機会が多いといえるだろう。

ヒト以外の霊長類ではどうなのだろうか。端的にいうと，その種の雄と雌の大きさの差が，そのまま集団内の性による優位性の違いになることが多い。単雄複雌集団や複雄複雌集団を作る種では，体が大きい雄が雄同士の争いに有利なので，雄の体が大きくなりがちだ。そのような種では，雄が集団内で優位になる傾向がある。テナガザルなどの単雄単雌集団を作る種では雄同士の競合が小さく，雄雌に体格にも優位性にも差がない。例外が，原猿・キツネザル科の種と，大型類人猿のボノボだ。

アフリカ・マダガスカル島にのみ生息する100種以上のキツネザルは単独から複雄複雌までさまざまな集団を作るが，集団形態によらず雌雄の体格差は小さく，ほとんどの種で雌優位の傾向を示す（Kappeler et al. 2022）。5000万年以上前に大陸からマダガスカル島にたどり着き，独自の進化を遂げたキツネザルたちは，性的競合や食物競合のはたらき方などが他の霊長類とは異なっているのだろう。キツネザルの中で有名なのは，シマシマの尻尾をもつワオキツネザルだ。ワオキツネザルは母系の複雄複雌集団で暮らし，すべての雌がすべての雄よりも順位が高いという明確な雌優位性を見せる。採食の際には雌による雄の追い払いが見られ，集団間の争いの際にも雌が率先して攻撃交渉に参加する。とにかく「雌が強い」社会なのだ。

キツネザルが分類群全体で雌優位性を示すのとは異なり，ボノボは他の大型類人猿が雄優位性を見せる中で，ただ一種，雌が優位な傾向をもつ。ボノボは父系の複雄複雌集団を作り，雌は体重にして2割ほど雄よりも小さい。一対一の攻撃交渉の勝敗から見ると，順位の上下は雌雄によってきれいに分かれず，雄よりも順位が低い雌もいる。それでも，これまで観察されたすべてのボノボ集団で集団内の最優位個体は雌であり，採食の際に雌がよい場所を占めるなど全体的な雌優位性が見られる。

その理由の一つが，雌の発情長期化であると考えられている。他の大型類人猿の雌は4〜7年にわたる長い妊娠・授乳期間には発情しないため交尾機会をめぐる雄の競合が苛烈であるのに対し，ボノボの雌は出産から1年程度で排卵を伴わない（偽）発情を再開して交尾も行う。これにより，ボノボの集団内に交尾可能な雌の数が多く，雄間の競合が弱まることで雌の社会的地位が相対的に高くなったという考えだ。

もう一つの理由が，雌同士の協力関係だ。雌は頻繁な毛づくろいや，性器の周りの膨らみ（性皮）を擦り付け合うボノボの雌に特有の親和的交渉「ホカホカ」を頻繁に行う。さらに，雄が攻撃的な行動をとったときには，複数の雌が協力してその雄を攻撃するのだ（Tokuyama & Furuichi 2016）。身体的な強さは勝る雄でも，複数の雌にかかってこられれば敵わない。そのような雌からの報復的な攻撃を何回も受けることで，雄は雌や子どもに対する攻撃をためらうようになるのである。父系の霊長類では雄同士の関係性が強いのが通常であるが，ボノボにおいては，血縁関係がない雌同士により親和・協力的関係が強く，また身体的により弱いはずの雌や子どもがより堂々と集団の中心的存在としてふるまっているのである。

雌が強いのが当たり前なキツネザルと，雌の発情の長期化と協力によって身体的な不利を覆したボノボ。起源も成立過程も大きく異なる2種の雌優位性は，霊長類における社会の多様性や柔軟性を考えるうえで非常に面白い事例である。

## Active Learning｜アクティブラーニング 9

**Q.1**

### 自分自身の社会関係を書き出してみよう

自分自身の血縁，友人，知り合い，会ったことはないが何らかの関係がある相手まで，自分を取り巻く社会関係がどの程度まで広がっているか整理してみよう。

**Q.2**

### 霊長類の社会性について調べてみよう

この章において説明されていない霊長類について，集団形態や集団内関係，集団間関係について調べてみよう。複数種について調べられればなおよい。

**Q.3**

### 実際に霊長類の社会交渉を観察してみよう

動物園や野猿公苑にて実際に霊長類を観察し，毛づくろいやケンカといった社会交渉を記録してみよう。複数種が飼育されている動物園では，それぞれの種で見られる社会交渉のパターンを比較してみよう。

**Q.4**

### 調べ学習と観察の結果をまとめ，グループで共有しよう

複数の霊長類の社会について，どこがヒトの社会と似ていて，どこが異なっているか議論してみよう。また，個々人の違いから地域・国による違いまで，ヒトの社会性の多様性について意見を出し合ってみよう。

第10章

# 攻撃性と殺し

## 暴力はヒトの「本性」なのか

中村美知夫

「攻撃性」はふつうネガティブなものだと捉えられる。人を殴るのは悪いことだし，実際そうすれば罰を受ける。誰もが戦争よりも平和がいいと思っている。にもかかわらず，暴力沙汰や殺人事件，そして悲惨な戦争や紛争が絶えないのはなぜだろうか。ヒトという種は平和を愛する温厚な生き物であるという理想を抱きながらも，実際には暴力的な生き物なのだろうかと疑いたくもなる。

本章では，ヒトの攻撃性や殺しを扱う。その際，ヒト以外の霊長類の研究にも言及するが，どんな動物であっても攻撃性がないわけではない。かつてヒトだけにしかないと思われていた同種間の殺しは，現在では多くの種で確認されている。むろん，他の動物種にも見られるからといって，それが正しいとか避けられないとかいうことを意味するわけではない。

ヒトの攻撃性は，しばしば「人間の本性は善か悪か」という古くからある問いとリンクされる。こうした二項対立的な図式は，形を変えて繰り返し登場してきた。霊長類の研究では，ヒトに最も近縁な二種の類人猿に善と悪とが投影されることが多い。こうした単純な図式から脱却しないかぎり，本当の意味での攻撃性に対する理解は得られないだろう。

KEYWORDS #攻撃性 #暴力 #殺し #戦争 #善と悪

# 1｜攻撃とは何か

## 定義の難しさ

そもそも攻撃とは何だろう。ヒト以外の霊長類の研究では，「攻撃aggression」の定義には物理的接触を伴うもの（「殴る」「蹴る」「噛む」など）の他に，「追う」「吠える」「威嚇する」「威圧的ディスプレイをする」といった物理的接触のない行動も含まれる。前者の方が分かりやすいものの，接触があれば間違いなく攻撃といえるわけでもない。それは，多くの動物で見られる遊びの中にも，頻繁に「殴る」「蹴る」「噛む」といった行動要素が見られるからである。もちろん，「甘噛み」といった言葉に代表されるように，遊びにおけるこれらの行動要素は，一般的には，攻撃におけるものと強度が異なる。ただし，激しい遊びの中で相手の背中を思いっきり「叩く」場合と，相手を怯ませることが目的で，軽く相手の背中を「叩く」場合では，その強度すら逆転するかもしれない。

攻撃性は，体サイズとも関連する。他の条件が同じであれば，体の大きな個体の方が敵対的交渉において有利であり，攻撃側に回ることが多いからである。多くの霊長類には性的二型があって，雄の方が体サイズと犬歯（けんし）サイズが大きい場合が多い。こうしたこととも関連して，一般的に雄の方が雌よりも攻撃性が高い。

もう一つ，「暴力violence」という語に触れておこう。現代の人間社会では，個人間の物理的攻撃は暴力と呼ばれる。たとえば，夫が妻を殴れば，それは家庭内暴力である。これを家庭内攻撃とはいわないから，日常的用法としては，攻撃と暴力は必ずしも等価ではない。だが，ヒト以外の動物で一般に「攻撃」と呼ばれる行動が，ヒトでは「暴力」と呼ばれることが多い。例外的に，チンパンジーの研究ではヒトと同様，「暴力」が使われる場合がある。

## 攻撃と優劣関係

霊長類における優劣関係は，しばしば攻撃性と関連づけて捉えられる。本来優劣とは，個体間の関係を示す言葉で，ある敵対的交渉（正確には勝敗をつけることができる交渉）において，その勝ち負けを高い確率で予測できる場合，予測される勝者を優位者，敗者を劣位者という。たとえば，初期のニホンザル研究では「ミカンテスト」という手法が使われた。個体AとBとの中間にミカンを1個置くと，ほぼ例外なくどちらか一方の個体が取る（この交渉に「勝つ」）。常にAがミカンを取るならば，AがBに対して優位といわれるわけだ。

優劣は敵対的交渉における出力予測ではあるが，そこで実際に物理的攻撃が見られる頻度は低い。上の例でいえば，優位者Aが会うたびに劣位者Bを殴るといったことはまず生じない。ここで生じているのが「サプランティング」である。これは，個体Aの接近に伴って個体Bがその場を離れるような交渉であり，この場合，AがBを「サプラントした」という。優位者であるAを主語にしたこの言い方は，Aが意図的にBを追い払っているという印象を強く与えるものの，実際にはAの意図は分からない。ましてや，AがBに対して攻撃的に振る舞ったといえるのか，つまりサプランティングが「攻撃」といえるのかどうかはかなり微妙である。

チンパンジーにおける優劣は，食物をめぐる交渉では明確にならないため，「パント・グラント」と呼ばれる音声の方向で決められることが多い。ここでも，この音声を発するのは劣位者側である。攻撃と優劣は，研究者の間ですら混同されることがあるが，攻撃では一般に優位者側が行動の担い手であるのに対して，サプランティングやパント・グラントなどの交渉では劣位者側が行動の主たる担い手であり，その方向が逆転している点には注意が必要である。

•

## 攻撃の抑制と道徳の起源

どんな動物においても，攻撃性が見られる場合は，常にそれを抑制する機構とセットになっていることは忘れてはならない。すべての個体がすべての同種個体に対して常に攻撃だけをするような動物の社会は，端的に存続しえないだろう。親和的行動（第9章参照）は基本的に攻撃を抑制する方向に機能しうる。そもそも親和的交渉と攻撃は同時に生じえないし，長期的に親和的な関係を結んでいればその相手からは攻撃されにくい。

親和的交渉以外にも攻撃抑制に関係するものは多い。たとえば上で触れた優劣交渉では，劣位者側が空間的に距離をとったり，劣位であることを示したりすることで，優位者の攻撃を未然に防ぐ。また，威嚇や威圧的ディスプレイも，物理的攻撃の手前で抑制しているとも考えうる。ややこしいことに，冒頭で述べたように，威嚇，威圧的ディスプレイなどは，広い意味での攻撃的行動に含まれる。霊長類の攻撃に関する研究では，よくよく読むと物理的攻撃がほとんど生じていなくても，威嚇や優劣交渉の頻度が多いことから，その種の攻撃性が強調されていることがある点には注意が必要である。威嚇や優劣交渉を攻撃性そのもの（物理的攻撃の代替物）と見るのか，むしろ攻撃性を抑制するものと見るのかによって，その理解は大きく異なるであろう。

攻撃の抑制とともに重要なのは，実際に攻撃が生じた場合に関係を修復することである。簡単にいえば，喧嘩をしたら和解（仲直り）をするということだ（第9章も参照）。和解は，集団で暮らすヒト以外の霊長類にも当たり前に存在する（ドゥ・ヴァール 1993）。霊長類はしばしば喧嘩をするが，喧嘩の後に当事者同士で毛づくろいなどの親和的交渉をする頻度が，何もない時と比べて増加するのである。

また，霊長類をはじめとした動物たちは，同種他個体に対する共感や不公平に対する感受性といった，人間の道徳の基盤となるような認知能力も共有している。こうした，攻撃性を抑えたりコントロールしたりすることもまた，攻撃性そのものと同様に起源は古いと考えられている。

・

### 反応的攻撃と能動的攻撃

リチャード・ランガムは，攻撃を反応的攻撃と能動的攻撃とに区別している。反応的攻撃とは，たとえば些細な口論がきっかけで喧嘩をするようなものを想像するとよい。「カッとして殴った」という類の攻撃である。一方，能動的攻撃とは，もっと冷静な意図に基づいたものである。計画的かつ手段的な攻撃で，いわばプロの殺し屋が淡々と殺しを遂行するようなものだ。

ランガムは生理学的メカニズムの異なるこの二つの攻撃を区別したうえで，「人間はほかの動物に比べて反応的攻撃性が低く，能動的攻撃性が高い」（ランガム 2020：63）と主張する。

この議論は人類進化における「自己家畜化」仮説との関連でなされている。家畜は一般にその野生の原種に比べて幼形化し，攻撃性が低下している。野生動物であるオオカミは簡単には人間に慣れないが，家畜動物であるイヌは人間に従順である。こうした変化を「家畜化」というのだが，自己家畜化仮説によれば，ヒトは自分自身の攻撃性を削ぎ落とし，自身を家畜化したことになる。ここで削ぎ落された攻撃性が反応的攻撃性である。

ただし，反応的攻撃が少ない社会では，むしろ攻撃性の高い個体が有利になってしまうという逆説（パラドックス）が生じる。攻撃的な個体が暴君として社会を制してしまうことになりかねないからだ。そこで，そうした暴君を防ぐためにあるのが能動的攻撃性である，とランガムは解説する。たまに現れる暴君（反応的攻撃性の高い個体）は，冷静な能動的攻撃性によって排除される。現代でも，不当に反応的攻撃性（殺人や暴力）を発現させる個体は，警察や司法の能動的攻撃（逮捕や刑罰）によって処罰されることになっている。

## 2｜同種殺し

### 子殺し

第1節で述べたように，攻撃の定義は簡単ではない。だが，結果として受け手が怪我をするような場合は「攻撃」と認定しやすい。そうした意味での攻撃の極にあるものが「殺し」である。人間社会では殺意があると判定された場合のみを「殺し＝殺人」と呼び，「傷害致死」や「過失致死」と区別するが，以下では，意図の有無は問題にせず，同種個体の攻撃的行動が結果として死につながるものを「殺し」と呼ぶ。

霊長類で最も多く見られる殺しが子殺しである。子殺しは最初ハヌマンラングールで観察された。典型的には単雄複雌群の雄が乗っ取りによって交代した直後に，新しい雄が前雄の子（乳児）を殺す。乳児を殺すとその母親が発情を再開し（授乳中の雌は発情しない），新雄は早く自分の子を妊娠させることができる。このような，雄の繁殖戦略の一環と解釈されるような子殺しは，かつて考えられていたよりも多くの動物種で確認されている。特に授乳期間が妊娠期間に比して長いような種で子殺しが生じやすい。こうした中，霊長類社会の進化を説明する理論の中でも子殺しリスクへの対応は重要な要因だと考えられるようになっている。

雄の繁殖戦略という典型的な説明に沿わない子殺しもある。たとえば，チンパンジーでは，集団内で父親かもしれない雄たちが子殺しをすることがあるし，雌が別の雌の子を殺すような報告例もある。集団間での子殺しもまた，直接的に交尾機会の増加を伴わない（その子の母親である雌が移入することは少ない）。こうした殺しはむしろ集団の行動圏の拡張に関係すると考える研究者が多いものの，完全にその進化機構が理解されているわけではない。

・・

### 集団間のオトナ殺し――戦争の起源か

稀ではあるが，ヒト以外の種でも同種のオトナ殺しが生じることがある。よく知られている例は，野生チンパンジーの集団間での殺しである。こうした殺しはいくつかの調査地で目撃されているが，一定の期間に集中することが多い。たとえば，タンザニアのゴンベでは1974～1977年の間に6件の殺しが確認されたが，その後20年間ほどはまったく目撃例がない。このように数年の間に集団間の殺しが立て続けに生じることをチンパンジーの「戦争」と呼び，実際ヒトの戦争と同じ起源だと考える研究者もいる。

戦争の起源については，いまだに論争が絶えない。チンパンジーの集団間殺しと共通起源ならば，数百万年前までさかのぼることになるが，時代が古くなればなるほど，実際に戦争があったという物的証拠は見つかりにくいからである。

より古い時代については，たとえば人類の骨に残った解体痕（石器で骨から肉を切り取る際の痕跡――最も古いもので145万年前までさかのぼる）が，戦争の起源との関連で議論されることがある。石器で肉を得ていたのが同種の人類であれば，それはカニバリズム（共食い）の可能性が高く，そのために他集団を襲っていたとすれば，それは戦争だったということもできる。ただし，実際にはどの種が痕跡を残したかすら分からないし，カニバリズムだとしても必ずしも集団間攻撃が伴っていたとは限らない。このため，こうした証拠からは戦争の起源を論じることはできないと考える研究者も多い。

より確実な戦争の証拠があるのはせいぜい1万年前までである。たとえば，7000年前の遺跡からは34個体の人骨が発見され，その多くに矢や棍棒などによると考えられる外傷が残されている。それよりも古い時代からも，外傷のある人骨は見つかるが，単独の個体だと必ずしも戦争とはいえないし，そもそも事故死なのか殺人によるものなのかすら区別がつかない（矢じり痕だったとしても，誤射された可能性もある）。

・・

### 現生ヒトの同種殺し

現生のヒトにおいて，殺しという現象は稀である。少なくとも自分の目で殺人現場を目撃することはかなり少ないはずだ。このため，ヒトの同種殺しを直接観察で研究することはほぼ不可能であり，警察などが出す統計資料をもとになされることになる。そうした研究では，嬰児殺し（子殺し）と殺人，戦争による死亡は区別されることが多い。

嬰児殺しは，誕生直後の嬰児を親や近親者が殺すもので，かつては文化を問わず珍しいことではなかった。食料不足時の口減らしや，双子の一方や女児，非嫡出子を殺すといった象徴的・認識的理由などがあげられる。現在の刑法では嬰児殺しも犯罪であるが，かつてはやむをえないものとして文化的に容認されることもあった（有効性の高い避妊法や安全な中絶法などが確立されていなかったこととも関係するだろう）。また，嬰児殺しが家庭内で処理され，公にはされなかったことなどからも，正確な数の把握が難しい。

一般的な殺人数についてはウェブ上で各国のデータを見ることができる（たとえばUNODC）。それによれば，日本での殺人は人口10万人あたり年間0.23〜0.60（平均0.44）人で，掲載されている国の中で最も低い水準にある。先進国の中で最も多いアメリカでは10万人あたり4.40〜9.82（平均6.28）人（日本の10倍以上），南米のエルサルバドルでは実に10万人あたり18.17〜138.77（平均68.90）人と日本の100倍以上殺人が生じている。

こうしたデータから，ヒトという種がどの程度殺しを行うかを結論づけることは難しい。国による違いは，貧困層の数や貧富の差，警察や司法がどの程度機能しているか，マフィアなどの非合法組織の存在，銃火器の所持が認められているか，近代化や民主化の度合い，など極めて複雑な社会・文化・経済的要因に左右されるからである。また，同じ国でも経年変化がある。たとえば，イギリスでは13〜14世紀頃には年間10万人あたり数十件から100件を超える殺人が生じていたが，20世紀には1件未満になっている（ピンカー 2015）。また，日本の1946年以降の殺人事件の統計（未遂を含み，正当防衛は含まない）では，1954

年の3081件をピークに徐々に減少している（法務総合研究所 2013）。2022年には日本全体で853件（警察庁 2023）なので，かつての3分の1以下である。

戦争は，国家（または社会集団）間の組織的な殺し合いであり，有史以来おそらく途切れたことがない。戦争では，平時とはあまりにも異なる数の殺しが行われ，正確な犠牲者数の把握が難しい。内戦が常態化している国や地域では，殺人と戦闘との区別も曖昧だろうし，そうした犠牲者の数がきちんと記録に残っているとも考えにくい。

スティーブン・ピンカーは著書『暴力の人類史』の中で，戦争も含めたさまざまな種類の暴力は人類史の中で減少しており，私たちは現在最も平和な時代に暮らしていると主張している。たとえば20世紀の第二次世界大戦は，5500万人もの死者を出したものの，ピンカーによれば，史上最悪の戦争ではない。最悪だったのは8世紀中国の安史の乱だという。これは，総人口に占める戦死者数の割合で比べているためで，爆発的に人口が増加した近代の方が，母数が大きく，割合が小さくなる。この総人口による補正に加えて，戦争の継続期間による補正が必要だとする指摘もある（サポルスキー 2023。この補正をすると最悪の戦争は第二次世界大戦となる）。また，ピンカーが取り上げる過去のデータがどこまで正確かという問題もあり，暴力が減少していると結論づけるのはやや楽観的すぎるだろう。

現在の日本に暮らすわれわれの日常感覚からは，ヒトの殺しは極めて少ない。一方で，そう遠い過去のことではない世界大戦では，他種ではとうてい考えられない膨大な数の同種殺しが行われた。こうした両義性は常に私たちに付きまとう。それはしばしば，ヒトの本性が善なのか悪なのかとする古い問いとつながる。

## 3｜二項対立を超えて

### 高貴な野蛮人（ノーブル・サベージ）と殺し屋類人猿（キラー・エイプ）

攻撃性と関係する二項対立的図式は，人間を理解しようという営みの中で，形を変えながら常に存在してきた。

「高貴な野蛮人」とは，未開人（西洋から見た非西洋人）が，文明に汚染されていないがゆえに，穏やかで平和な存在だとする考え方である。ヒトの本質は善であり，文明化し，蓄財して，貧富の差が生じるようになったために，二次的に「悪＝攻撃性」が発露しているとする。この考えに基づけば，私たちヒトの祖先は，穏やかで平和な動物だったことになる。たとえばジャン＝ジャック・ルソーによる「自然人」（想定上の原始の人間）などはそういう姿として描かれた。ヒトという種は，その大部分で狩猟採集生活をしてきた。その頃のヒトが牧歌的で平和な生活をしており，農業が始まり，定住するようになり，宗教や国家ができたことでヒトは頻繁に戦争をするようになったと考える研究者たちは，基本この路線に沿っている。人類の系統で，犬歯サイズが現生大型類人猿に比べて縮小していったことが，攻撃性の減少の証左とされることもある。霊長類の犬歯は，雄間競合の激しい種で大きいからだ。ただし，人類はより効率的な武器（棍棒や石斧）を使えるようになったために，大きな犬歯が不要になったと考えることも可能である。

一方，人間の自然状態は闘争状態で，自己保存のために常に他者と闘っていると主張したのは，たとえばトマス・ホッブズである。初期人類が「殺し屋類人猿」であったとする考え方はこれと親和性が高く，ある時期一世風靡した。直立二足歩行を始めた人類は，自由になった手で武器を使い，他の動物を狩るという形で攻撃性を手に入れ，その攻撃性が同種に対しても向けられるようになったというストーリーである。この考え方では，本来暴力的なヒトは，文明によってその制御を覚え，現在ではその暴力性がむき出しにならずにすんでいる。戦争の起源は類人猿との共通祖先までさかのぼり，国家や民主主義が発展したことで現在戦争は減少していると考える研究者たちは，基本こちらの路線に立つ。

こうした，ルソー的自然人とホッブズ的自然人という単純な両極端の図式，そしてそうした「自然」が文明や国家の成立を機に大きく変化したという想定は，その分かりやすさのために，これまで幾度となく繰り返されてきた。

•••

### チンパンジーとボノボ

ヒトに近縁な二種の類人猿，チンパンジーとボノボもまた，しばしば攻撃性に関して二項対立的に語られる——チンパンジーは暴力の化身として，ボノボは平和の化身として。人間が本質的に善なのか悪なのか（高貴な野蛮人の末裔か殺し屋類人猿の末裔か）という問いともリンクして，この対立図式は近年ますます強調されているように見える。

たとえば，『サピエンス全史』の中でユヴァル・ノア・ハラリはチンパンジーの集団を「階層的で，緊張していて，暴力的なもの」とし，「呑気で，平和で，好色な」ボノボと明確に対比している（ハラリ 2016：79）。こうした対比はあまりにも単純化されたものなのだが，類人猿研究者ですら一般書などでそうした単純な図式を強調することがあるため，十分な注意が必要である。

チンパンジーとボノボの比較は，「悪」であるチンパンジーと「善」であるボノボという二項対立的イメージの中で進められる。善悪構図に合致しない部分はしばしば無視される。こうした取捨選択はある程度意図的になされているのだろう。意図的に二項対立的なイメージを設定したうえで，私たちがボノボなのかチンパンジーなのか（当然これは「善か悪か」と読み換えられる）と問うことに，ほとんど意味はない。

攻撃性や殺しという現象は，私たちの感覚に否定的かつ強烈なイメージを与える。その感覚のままこれらを「悪」と捉えてしまうのではなく，もっと慎重かつ冷静に現象を把握し，理解していく必要があるだろう。

Case Study｜ケーススタディ 10

# チンパンジーK集団はなぜ消滅したのか
## マハレでの観察データと研究者の解釈

### K集団の消滅

タンザニアのマハレという調査地では，かつてK集団と呼ばれるチンパンジー集団が観察の対象となっていた。1966年当時6頭いたオトナ雄が，徐々に減少していき，1982年には最後のオトナ雄がいなくなった。チンパンジーの集団は父系だから，この雄がいなくなったことで実質的にK集団は消滅した。

研究開始当初，マハレではサトウキビなどによる餌付けを行っていたが，この餌場がたまたまK集団の遊動域と，隣接するM集団の遊動域の重複域に位置していた。このため，研究者たちはこの二つの集団を研究対象とし，集団間関係を観察することができた。一方で，餌場の存在が，この二集団の遭遇頻度を高めた可能性もある。集団関係（特に雄同士）は敵対的であった。数の多いM集団の方が優位で，M集団が近づいてくるとK集団が急いで餌場から離れていたようだ。最後の頃には，数少なくなったK集団の雄たちが，M集団の影におびえるような様子も目撃されている。

### 独り歩きする解釈

K集団の消滅と関連して，当時マハレでの研究を主導していた西田利貞は，K集団の雄のうち何頭かはM集団に殺された可能性があると考えた。1970年代には，ゴンベという別の調査地で，チンパンジー集団同士の殺しが実際に目撃されていたから，マハレでも同様のことが起こっているかもしれないと西田は考えたのだ。ただしマハレでは，実際には殺しは一件も目撃されていなかった。西田はあくまでも可能性を指摘したにすぎない。

ところが，可能性として示された西田の解釈は，その後独り歩きするようになる。西田の著作を引用しつつ，後の研究者たち（著名な霊長類研究者も含む）はマハレで殺しがあったことを断定的に記述するようになった。その際，「抹殺」「全滅」「暴力沙汰」といった，西田のオリジナルの記述にはなかったはずの，過激な表現が用いられることもしばしばであった。

**再解釈**

何が起こったかを改めて確認してみよう。K集団では17年間に7頭のオトナ雄（もともとの6頭に加えて1頭が途中でオトナとなった）がすべて消失している。そのうち老齢で死んだと思われるのが1頭で，その他6頭の死因は不明である（野生下ではそもそも死因が分かることは稀である）。期間はやや異なるが，M集団では，13年間で9頭のオトナ雄が消失し，うち6頭は理由が不明である。十数年間で6頭ほどの雄が原因不明で消えることはそう不思議ではないのだ。

では，なぜK集団は消滅し，M集団は消滅しなかったのか。理由ははっきりしている。K集団はこの間，上述のように1頭しかオトナにならなかったのに対して，M集団ではこの間に新たに10頭のワカモノがオトナ雄になっている（つまりトータルではプラス1となった）。つまり，K集団が消滅した直接的な要因は，若い雄がそもそも少なかったという人口学的なものである。

K集団の6頭がM集団によって殺されたのかどうかは今となっては分からない。実際に何頭かは殺されたのかもしれない。ただ，このケースで重要なメッセージは，殺しや暴力といった派手な解釈は往々にして独り歩きすることがあるということである。暴力や戦争といった私たちの感情にネガティブだが強烈な印象を与える現象こそわれわれはその元データを冷静に見ていく必要がある。

## Active Learning　アクティブラーニング 10

**Q.1**

### SNS上の誹謗・中傷などは「攻撃」といえるか考えよう

典型的な攻撃とは異なり，SNS上での誹謗や中傷は，物理的な接触を伴わないばかりか，相手の姿さえも見えない。こうした誹謗・中傷は，「攻撃」といえるだろうか。いえる条件，いえない条件についても考えてみよう。

**Q.2**

### 攻撃性を扱った著書を読んでみよう

『暴力の人類史』（S・ピンカー著，2015年），『暴力はどこからきたか』（山極寿一著，2007年），『善と悪のパラドックス』（R・ランガム著，2002年）など，ヒトの攻撃性や暴力の進化を扱った著書を読んで，批評してみよう。

**Q.3**

### 猿人は戦争をしていただろうか。グループ討論してみよう

猿人は，直立二足歩行はしていたが，大脳のサイズとしては現生のチンパンジー程度だったと考えられている。猿人が戦争をしていたかいなかったか，その理由も含めてグループで討論してみよう。

**Q.4**

### ヒトの人口動態に戦争が与える影響を調べてみよう

戦争が生じると，非常に多くの死者が出る。さらには，戦時下のストレスや栄養状態の悪化によって，出生率にも影響が出る可能性がある。第二次世界大戦などが，人口動態にどの程度の影響を与えたかを調べてみよう。

第Ⅳ部

# ヒトをヒトたらしめるものは何か

第11章

# 直立二足歩行

## ヒトの生物学的本質

森本直記・平崎鋭矢

ヒトの生物学的特徴は多岐にわたるが，中でも二足歩行は際立っている。たとえば鳥獣人物戯画で印象的に描かれているように，二足姿勢は擬人化には欠かせない要素である。しかし，鳥獣人物戯画のウサギは耳が長くて体毛があることを除いても，やはりヒトと異なっているように見える。二足姿勢，特に二足歩行に表れるヒトらしさとは何なのか。ヒトの進化について二足歩行という視点から考えるとき，以下のような問いを発することができるだろう。

・ヒトの二足歩行と他の動物の二足歩行は何が違うのか。
・他の哺乳類と比べたとき，ヒトの運動だけが特別なのか。
・二足歩行には何か利点があるのか。
・二足歩行はいつ，誰が始めたのか。
・二足歩行は何から進化したのか。
・二足歩行はなぜ進化したのか。

二足歩行をめぐる最近の研究成果にも触れつつ，二足歩行の進化を概観したい。

KEYWORDS #直立二足歩行 #化石 #ラミダス猿人

# 1｜二足歩行の起源

## ヒトは「直立」二足歩行

ヒトの生物学的特徴で目立つものといえば，大きな脳と二足歩行である。二足歩行を行う動物は，ヒトだけではない。ヒト以外の霊長類も頻度は低く持続時間は短いものの二足歩行を行うし，鳥類は地上では基本的に常時二足歩行である。六本足のゴキブリも，最も高速で移動する際にときとして二足になることが知られている（Full & Tu 1991）。しかし，ヒトの二足歩行は直立という点で特別である（Lovejoy 2005）。直立とは，股関節と膝関節が開き（伸展という。股関節と膝関節でいえば，起立姿勢のときが伸展，椅子に座っている状態が屈曲），後肢と体幹が地面に対しておおむね垂直になっている状態のことを指す。歩いているときも，この基本姿勢は変わらない。

ヒトの二足歩行の特異的な点の一つに，蹴り出す方の脚では足（靴が覆う部分）が体幹より後ろ側になることがある。このとき股関節は前後方向に180°以上開いており，これを過伸展という。直立した姿勢から片脚を前に突き出して浮かせてみよう。接地した方の脚で膝を伸ばした状態で，股関節の過伸展ができなければ，前に突き出した足を着地させるには体幹ごと前に倒れるほかなく，スムーズに歩けない。チンパンジーの二足歩行では，ヒトとは異なり，股関節と膝関節が曲がった状態（屈曲）で，体幹も前かがみになっている。このためチンパンジーの二足歩行はわれわれヒトにはぎこちなく見える。

まっすぐ脚を伸ばして歩くことには重要な意味がある。歩行時に体重を支えている方の脚がまっすぐに伸びている状態は，上端に重りをつけたステッキが前に倒れるような運動にたとえられる。上端の重りは体の重心にあたる。ヒトの歩行ではステッキの転倒はうまくコントロールされ，完全に倒れることなく再び持ち上げられる。これはちょうど振り子を逆さまにした状態（倒立振り子）と同様で，ヒトの二足歩行でも位置エネルギーと運動エネルギーが相互に変換されていることを意味する。これによりエネルギーを回収・節約しつつ，効率的に歩いているのである（Cavagna et al. 1977）。エネルギーの節約には土踏まずも役に立つ。土踏まずはそのアーチ構造が重要で，アーチが開閉することにより衝撃を吸収しエネルギーを蓄積・解放する板バネとして働く。

・

### 二足歩行はいつ進化したのか

雨後の地面がぬかるんだ公園に行けば，子どもの足跡，中には親子の足跡が見られるだろう。骨や歯だけではなく，足跡も化石になることがある。恐竜の足跡が比較的よく知られているが，われわれヒトの系統では，アファール猿人が残したと思われる，370万年前の足跡の化石（Leakey & Hay 1979）が最古級で，二足歩行の確たる証拠になっている。この足跡の形態を詳細に分析したところ，直立姿勢で，足のアーチ（アファール猿人では，中足骨という足の骨も見つかっていて，この骨の形も足にアーチがあったことを示している）を生かして，足の先で地面を蹴る二足歩行を始めていたことが分かった（Crompton et al. 2012）。人類の系統で直立した二足歩行が可能になった時期ははっきりとは分かっていないが，少なくとも約370万年前には地上の二足歩行にかなり特化していたようである。

少し話がそれるが，足跡といえば，ネアンデルタール人が残したものと思われる8万年前（この頃，われわれホモ・サピエンスはまだヨーロッパに到達していなかった）の足跡がフランスで発見された（Duveau et al. 2019）。全部で257個の足跡は約10人分と推定されており，興味深いことに，足跡のうち大人のものはごく一部（多くて一割）で，そのほとんどが子ども（最も幼いもので2歳）のものだった。少数の大人が多数の子どもを引き連れてぬかるみを歩いていたことを示している。この一例だけでは，この風景がネアンデルタール人の社会においてどのくらい一般的だったのかを知ることまでは難しい。しかし，足跡が通常はすぐに消えてしまうことを考えれば，ネアンデルタール人の生活の一端（発見者たちは論文内で「スナップショット」と呼んでいる）がこのような形で見事に保存されているのは非常に興味深い。

これまでに見つかっている最初期の人類化石から，二足歩行の起源期が分かる。まず，二足歩行に関する現在のところ最古の証拠は，東アフリカのチャドで発見されたサヘラントロプスで，約700万年前である（Brunet et al. 2002）。最初に頭蓋骨が報告され，近年になって四肢骨の化石が報告された。頭蓋骨では，大後頭孔（だいこうとうこう）という脊柱が関節する穴の位置により二足歩行かどうかを判別することができる。基本姿勢が四足の場合，大後頭孔は頭蓋骨の後ろ側に位置するが，二足であれば頭蓋骨の下側かつ前方に位置する。発見されたサヘラントロプスの頭蓋骨は形が歪んでいたため，まず復元作業が行われた。サヘラントロプスでは大後頭孔は頭蓋骨の下側に位置しており，二足歩行を行っていたと結論づけられた（Zollikofer et al. 2005）。

次に古い化石証拠が，東アフリカのケニアで発見された約600万年前のオロリンで，二足歩行の特徴を示す大腿骨（だいたいこつ）が見つかっている。股関節の過伸展と関連する外閉鎖筋の溝があることなど，股関節に近い部分の形態が現生の大型類人猿よりも現生のヒトやより新しい時代の化石人類に近いことから，やはり二足歩行を行っていたと考えられている（Pickford et al. 2002）。

新しい化石の発見により，二足歩行の起源はさらに古くなるかもしれない。近年の発見では，ドイツで発見された1160万年前の類人猿ダヌヴィウスは樹上で二足歩行していたと発見者たちは主張している（Böhme et al. 2019）。これが本当であれば，ヒトとチンパンジーが枝分かれする前に二足歩行がすでに現れていたことになり，二足歩行の進化について大きく考えを改める必要がある。一方で，ダヌヴィウスの骨格形態の解釈については異論もあり（Almécija et al. 2021; Williams et al. 2020），今後の研究や議論の発展が待たれる。現在のところは，二足歩行の起源は古くて700万年前としておくのが，妥当なところだろう。

エチオピアで発見された約440万年前のラミダス猿人も二足歩行を行っていたことが分かっている（Lovejoy et al. 2009c; 2009d）。ラミダス猿人は，ほぼ全身にわたる骨が慎重に回収され，さまざまな知見が得られている。そのうちの一つ，二足歩行が何から進化したのかという問題について考えてみる。

・

## 二足歩行は何から進化したのか

二足歩行を始める前は，他の霊長類と同様に四足運動を行っていたはずである。では，具体的にはどんな運動をしていたのだろうか。

ヒトに近縁なチンパンジーもゴリラも木にぶら下がる運動が得意で，地上ではナックル歩行という指の背中を地面につけた運動を行い，これが二足歩行の前段階だったと考える研究者もいる。しかし，ラミダス猿人の研究はこの見方を大きく変えた。ラミダス猿人は全身にわたる骨格が見つかっており，最初期の化石人類の中では唯一骨盤が見つかっている。骨盤は運動の要であり，実際に二足歩行のヒトと基本的に四足歩行の類人猿ではその形態が大きく異なる。たとえば，ヒトでは腸骨(ちょうこつ)という骨盤の上部を形成している骨が縦に短く，横を向いている。これは，二足歩行時に左右のバランスをとるためである。ラミダス猿人の骨盤は，この点でヒトに類似した特徴を示しており，安定した二足歩行をしていたと考えられている（現生のヒトと比べ相対的に坐骨が長いなど，異なる点もある）（ヒトの骨盤の特徴については第7章も参照）。

ラミダス猿人がチンパンジーやゴリラのようなナックル歩行の共通祖先から進化した場合，チンパンジーやゴリラに似た特徴を備えているはずである。実際には，ラミダス猿人とチンパンジーやゴリラとでは運動に関わる骨格形態の諸特徴が異なっている。大きな違いの一つが手首の可動範囲である。われわれヒトが手で体重の一部を支えようとするとき，通常は手のひらを下にして体重をかける。このとき手は背屈する。チンパンジーやゴリラは，手を木にひっかけるぶら下がりのために筋骨格が特殊化したために，手の背屈が苦手で，地面に手のひらをつくことができない（機会があればニホンザルの動きを見てみよう。彼らは手首の背屈ができる）。これとは対照的に，ラミダス猿人の手首は可動範囲も広く，チンパンジーやゴリラのようにナックル歩行と関連づけられる特徴がなかった（Lovejoy et al. 2009b）。このことから，チンパンジーやゴリラの運動様式，特にナックル歩行は共通祖先から受け継いだものではなく，それぞれの系統で独立して獲得されたものであるという仮説が提唱された（White et al. 2009）。

ラミダス猿人は二足歩行をしていたが，その足はチンパンジーと同様に，親指が他の指とは異なる方向を向いており（母指対向性），物をつかむことができた（Lovejoy et al. 2009a）。このことは，ラミダス猿人が地上では二足歩行を行いながらも，ときとして木に登り，樹上環境を積極的に利用していたことを示している。二足歩行の起源は，サヘラントロプスが示すように約700万年前にさかのぼる。ラミダス猿人が木に登っていたのは約440万年前であり，二足歩行を始めた後も約200万年にわたり樹上が人類にとって重要な活動領域であり続けたことを意味している。これは，二足歩行の進化そのものにも樹上活動が鍵であったことを示唆している。

チンパンジーの系統とヒトの系統の分岐年代（第2章参照）は研究者によってばらつきはあるが，人類の歴史上かなり初期の段階で二足歩行が始まったと考えられている。サヘラントロプスもラミダス猿人も脳の容量はオトナのチンパンジーと同程度（オトナのチンパンジーの脳容量は，現生のヒトでいえば新生児くらいである）で，現生のヒトよりもずっと小さい。ヒトの祖先は，脳の小さな二足歩行者だったのだ。二足歩行の獲得は脳の大型化に先駆けていたという点で，人類史における画期的な出来事だったといえる。

現生の大型類人猿を共通祖先の運動のモデルと見なすことは必ずしも適切ではないというラミダス猿人の示唆は重要である。ではヒトの二足歩行の進化を考えるうえで，現生の霊長類の何を見て，何を学ぶべきなのだろうか。

## 2｜霊長類の歩行

### 霊長類の歩き方――四肢の運び順

動物園で，ヒト以外の霊長類（以下，霊長類）の歩行を他の哺乳類と見比べてみよう。二足歩行なら左右の足を交互に出すしか歩きようがないが，四本の足で歩く場合，何種類かの歩き方がある。イヌやネコでは，左後足を動かした次に動くのは左前足である。その次に右後足，右前足と続く。ところが，霊長類はニホンザルもチンパンジーも，左後足の次に動かすのは右前足で，その次に右後足，左前足と続く。なぜだろうか。実は，明確な理由は分かっていない。しかし，霊長類の樹上適応に関連しているだろうという点で，多くの研究者の意見は一致している。そう考える理由は以下のとおりである。

霊長類の歩行は木の上で進化してきた。木の上で歩くときに体重を支えてくれるのは，不動の大地ではなく，不連続で不安定な木の枝である。木登りをしたことがある人なら分かるだろう。木の枝は折れるかもしれないのだ。折れたときにそこに多くの体重をかけていたら落下する。そこで，霊長類は二つの方略をとる。一つは，前足がつかんで安全を確認した場所の近くに同側の後足を誘導する方略である（Goto et al. 2023）。つまり，右前足に続いて右後足が動くことになり，上で述べた霊長類の歩き方になる。二つ目は，体重の半分以上を後足に残したまま歩く方略である。たとえば左後足と右前足だけが枝をつかみ体重を支えている状態を考えてみよう。霊長類でも他の哺乳類でも，歩行中にこの状態になることは一般的である。このとき，次に体重をかけるのは左前足だろうか，右後足だろうか。重心が後よりにあれば，おそらく右後足だろう。一方，重心が前よりにあれば，左前足が先につく。この違いも，霊長類特有の歩き方を生み出す要因だと考えられている。

・・

### 霊長類の重心――後肢優位性

そう思って改めて見れば，霊長類は体重心を後ろに残しながら歩いているように見えないだろうか。実際，四足歩行中に四肢がどのくらいの体重を支えているかを計測した石田英實ら（Ishida et al. 1974）によると，霊長類は後肢（脚）が前肢（腕）よりも多くの体重を支え，駆動力も大きかった。木村賛（たすく）ら（木村他 1975）はこれを「後肢駆動型」と名づけ，他の哺乳類の「前肢駆動型」と区別した。興味深いのは，霊長類の死体を使って体重心位置を調べると，他の哺乳類とほとんど変わらない位置にあることである。明らかに霊長類は「わざと」体重心位置を後にずらせている。レイノルズ（Reynolds 1985）は，股関節を伸展させる筋が胴体を後に引っ張っていると考えた。その考えは，筋活動を実験的に調べたいくつかの研究に支持されている。股関節伸展筋は直立姿勢に欠かせないが，その筋を強く発達させる流れが，すでに木の上での四足歩行の中で始まっていたといえるだろう。

霊長類の後肢が前肢より多くの体重を支える理由は，木の枝が信用できないということ以外にもある。単純に後肢の方が体重を下から支えるのに適しているからである。動物園で見た霊長類の動きを思い出してみよう。水平な四足歩行以外にも，さまざまな動きをしていたはずである。その中には，木登りや腕でのぶら下がりなどもあっただろう。木登りでもぶら下がりでも，前肢には引っ張る力が働く。つまり，霊長類の前肢は張力に対応できるように作られており，その分，下から体を支えることについては，後肢ほど得意ではない。

となると，霊長類の中でも，ぶら下がりをよく行う種ほど，後肢が多くの体重を支えるのではないかと思った人もいるだろう。そのとおりである。いろいろな霊長類種を対象に行った上述の石田ら（Ishida et al. 1974）の計測は，前肢でぶら下がることが多いチンパンジーやクモザルでは，あまりぶら下がり姿勢をとらないニホンザルやヒヒに比べて，後肢に多くの体重がかかることを明らかにした。そして，そうした種の二足歩行は，ヒトの直立二足歩行により近いことも分かった（木村他 1975）。つまり，霊長類の中でも，二足歩行をしやすい種とそうでない種がおり，ぶら下がり姿勢は，二足歩行を可能にする強い後肢を作ることに，間接的な貢献をしたと考えることができる。

・・

### 霊長類の歩行コスト

現生の霊長類のこの少し変わった四足歩行は，変わっている分，非効率的ではないのだろうか。想像どおり，コストがやや高そうという意見が優勢である。少なくともチンパンジーについては，一般的な哺乳類の四足歩行よりコスト高である（Sockol et al. 2007）。不安定・不連続な木の上で動く霊長類は，効率よりも多用途性を選んだのかもしれない。一方，ヒトの二足歩行のコストは，一般的な哺乳類の四足歩行よりも低い（Rubenson et al. 2007）。

となると，ヒトの祖先は楽に歩くために二足歩行を選んだのだろうか。そう簡単には話は進みそうにない。というのも，チンパンジーの二足歩行を，同じ個体の四足歩行と比べたところ，多くの場合二足歩行の方が，コストが高かったからだ（Sockol et al. 2007）。ニホンザルでは，二足だとエネルギー消費が20～30％増えるという報告もある（Nakatsukasa et al. 2004）。ヒトの直立二足歩行が効率的なのは確かだが，それはおそらく長年をかけて洗練させてきたためであろう。一時的にであっても，歩行コストが上がるのであれば，ヒトの祖先はわざわざ立ち上がったのだろうか。

しかし，コストの問題については，まだまだデータが少なく，分からないことも多い。たとえば，二足歩行のコストが30％高いニホンザルも，しばしば二足で歩く。クモザルはアームスイングを頻繁に行うが，そのときのコストは四足歩行時のものより30～40％も高い（Parsons & Taylor 1977）。歩行コストについての考察は慎重に進めなければならない。

・・

### 現生霊長類を調べる意義

現生の霊長類を調べる理由は，①直立二足歩行を可能にする形態基盤や準備となった運動要素を知ること，②直立二足歩行を始めたきっかけのヒントをつかむこと，③直立二足歩行を洗練させていった過程を知ることの三つに分けられる。ヒトに近縁であり，ときおり二足で歩く霊長類は多くの情報をもたらしてくれる。特に①については，現生霊長類のいろいろな種を比較することで，その進化的傾向が見えてくる。また③についても，たとえば，霊長類個体が二足歩行に慣れていく過程を調べることでヒントは得られるだろう。ただ，上述の②，つまり，直立二足歩行を始めたきっかけについては難しい。勢い，思弁が主になりがちである。次の節ではそれについて考えてみる。

## 3｜なぜ二足歩行が進化したのか

二足歩行がなぜ進化したのかと聞かれると，人類学者は言葉に詰まる。正直なところ確たる答えはなく，仮説をあげることしかできないからである。ここでは（頭をかきながら）二つの仮説を紹介する。

・・・

### 持久走仮説

ヒトの大殿筋（だいでんきん）は大きい（ケーススタディ参照）。平坦な場所では，大殿筋は歩いているときよりも走っているときに活躍する（Lieberman et al. 2006）。ほかにも，長いアキレス腱や足の土踏まずをバネとして使い効率的に走れること，体毛がない皮膚と汗により走りながら体温を冷やせること，口呼吸により走りながら効率的に酸素を取り込めることなどを根拠として，ヒトの解剖学的な諸特徴は長距離を持久的に走ることに適応した結果であるとリーバーマンらは論じている（Bramble & Lieberman 2004）。これは，たとえば，狩猟において獲物を追い詰め十分に近づいたうえで確実に仕留めることに役立っただろうとしている。

面白い仮説だが，反論もある。まず，大殿筋をはじめ歩行・走行に使う筋肉の活動をヒトで観察してみると，歩行時の方が個人間でばらつきが少なく，歩行に特化したチューニングが進化的になされているという主張がある（Wall-Scheffler et al. 2010）。この研究チームにいわせれば，ヒトは二足歩行に適応しているからこそ，（平坦な場所で）歩くときには大殿筋をあまり使わずにすむのだということになる。また，現代の狩猟採集民であるハッザ族は狩りの際に長距離の持久走はしないという批判（Pickering & Bunn 2007）もある（リーバーマンらは，長距離の持久走に必要な解剖学的特徴の諸特徴は約200万年前に登場したとしている。この頃には，後の時代ほど道具が洗練されていなかったため，長距離の持久走が役に立ったはずであるとしている）。

・・・

### 食物供給仮説

二足歩行を説明する二つめの仮説が「食物供給仮説」で，ラブジョイによって提唱された（Lovejoy 1981; 2009）。ここでも，ラミダス猿人が示唆を与えてくれる。われわれの足とは異なり，ラミダス猿人の足は木に登るために母指対向性を有していた。これは，ラミダス猿人の二足歩行がそれほど効率的ではなかった可能性を示唆している。二足歩行は歩くエネルギーを節約するために生まれたのではないということである。

二足歩行のメリットは繁殖であるとラブジョイは論じる。話の出発点は，二足歩行により手が運動機能から解放され，物の運搬に用いることができるようになったことである。特に，雄が雌に食物を運べるようになったことが大きな意味をもつ。実際にヒト以外の霊長類でも，前脚で食べ物を抱えて二足歩行することが報告されている。食物の運搬と供給により，雄が広い意味での育児に参加することが可能になった。雄の立場に立てば，子育てを手伝うことで適応度が上昇するにはエネルギーを注ぐ対象が実子であることが要件になる。実子か否かの不確実性は，自らの出産により100%実子であると分かる雌との決定的な違いである。この点，単雄単雌の社会であれば，雄にとって実子である可能性が高くなる。単雄単雌の社会は，雌をめぐる雄間の闘争は少なくなることを意味する。化石に残る部位でこのような社会性を最もよく反映するのは犬歯（けんし）（社会性という点では，口を開けたときに誇示しやすい上顎の犬歯がより重要である）だが，ラミダス猿人の性差は現生人類とほぼ同程度であり（Suwa et al. 2021），食物供給仮説と整合的である。雌は，交配が終わると他の雌のところに行ってしまう雄よりも，自らと強固な協力関係を形成してくれる雄を好んだと考えることができる。

ヒトという生き物には特異な点がたくさんあり，そのうちの一つが直立二足歩行であることは間違いない。ヒトの生物学的本質に迫るために，二足歩行をさまざまなヒトらしさの大局の中に位置づけている点で，食物供給仮説はバランスのよいアプローチである。

Case Study | ケーススタディ 11

## 直立二足歩行と筋骨格
### ヒトのお尻は大きい？

二足歩行に関連した特徴として，本文ではサヘラントロプスの大後頭孔やラミダス猿人の骨盤に触れた。これらの他にも二足歩行に関連した特徴は数多い。

まず直立二足歩行で重要な，股関節と膝関節に着目してみよう。すでに述べたように直立二足歩行では基本的に股関節と膝関節がともに伸展している。股関節の運動にはお尻周りの筋肉が関わっており，股関節の伸展にはヒトでは大殿筋が主要な役割を果たす。そして，ヒトの大殿筋は体重比でチンパンジーよりも1.6倍も大きい（Lieberman et al. 2006）。ヒトと類人猿では大きさだけではなく形も異なる。ヒトの大殿筋は骨盤近くに集中しているが，同じ筋肉が類人猿では膝関節の近くまで伸びている。ヒトのお尻がこんもりと盛り上がっているのは，このためである。膝関節を伸展させる筋肉には，大腿四頭筋という筋肉の集合体がある。この筋肉も，陸上競技の選手の太ももを見ると分かりやすいように，ヒトでは大きくなっている。筋肉は骨の周りに付くので，格納には空間的な制約がある。大腿四頭筋は太もも（大腿骨）の前側に位置するが，内側や後側に位置する筋肉群（内転筋群とハムストリングス）は，ヒトで小さくチンパンジーの方が逆に大きい。

歩行の要の一つである大腿骨にも二足歩行の特徴はある。たとえば，大腿骨の膝関節の向きがヒトは特徴的である。左右の股関節の距離を大雑把に腰の幅くらいとすると，ヒトでは左右の膝はお互いにずっと近いところに位置している。左右の足の間も同様に距離は近い。一方で，チンパンジーではそのようなことはなく，脚を左右に広げた状態で歩き，立つ。このような違いには，大腿骨の傾斜が関係している。ヒトでは，大腿骨の長軸に対して，膝関節の軸が斜めになっているため，膝関節に対して大腿骨が傾斜する。一方，チンパンジーでは大腿骨の長軸に対して膝関節はほぼ垂直になっており，膝関節に対して大腿骨は直立する。大腿骨が傾き，膝や足が内側に入っていることは，二足歩行の安定にとって重要である。二足歩行では通常，脚を前に出すために必ず片足立ちの状態になる。重心は体の中心近くを通るため，体重を支持する足がヒトのように内側に位置していれば，左右に倒れるのを防ぐための動きが少なくて済む。一方でチンパンジーのように重心と足の位置が離れている場合，転倒を防ぐためには体幹を大きく傾ける必要があり，非効率である。体幹の支持においては，大腿骨に対して骨盤を安定化させる必要もある。骨盤の傾きを安定化させるには，骨盤と大腿骨の外側に筋肉――中殿筋――をつける必要がある。ヒトでは，骨盤がお椀状になっていて，骨盤の壁（腸骨）が外側を向いている。一方，類人猿では同じ骨盤の壁が後側を向いている。この違いにより，同じ中殿筋でもヒトとチンパンジーでは役割が異なり，ヒトでは二足歩行時の骨盤の傾きを安定させる機能を担う。

仏教の開祖である釈迦は生まれた直後に歩いたといわれているが，ふつうヒトは生まれてすぐは立つこともできない。ようやく一人立ちした後も歩けるようになるまでには時間がかかるし，歩き方も大人と比べるとおぼつかない。ヒトの歩行が成長していくとき，体の中では何が起きているのだろうか。実は，歩行の成長には，先に述べた大腿骨の傾きが関わっている。ヒトは出生直後には大腿骨の傾きをもっていない。出生後時間をかけ関節の向きが変わり角度がついていき，一度大人よりも角度がついた状態を経た後，6〜7歳で変化が落ち着く（Tardieu 2010）。二足歩行の成長過程では，筋肉の使い方も変わる。後肢の筋肉は腰椎と仙椎から出る神経により支配されており，それぞれ支配している筋肉群が異なる（椎間板ヘルニアのレベルによって，痛みが出る箇所が異なるのはこのためである）。まだ歩けない頃も含め，赤ん坊の頃には，後肢の筋肉はいっせいに使われ，特定の筋肉群だけを活動させることはできない。よちよち歩きの頃になると，腰椎から出る神経に支配される筋肉は片足での支持の際に，仙椎から出る神経に支配される筋肉は着地の際にと，筋肉群間で働きが分化し始める。大人になるとこの分化がより明瞭になり，筋肉の働きもより瞬間的になる（Ivanenko et al. 2013）。

二足歩行の影響は男女差にも及ぶ。四足歩行の動物では，妊娠してお腹が大きくなっても，重心の位置は変わらない。一方，二足歩行のヒトでは，お腹が大きくなることで重心が前側に移動してしまう。当然，このような変化が起きるのは女性のみである。女性では妊娠による重心位置の変化を補正するために，腰椎の一部の椎体が男性よりも楔形になっており，積み重ねたときに全体としてカーブが強くなるようになっている（Whitcome et al. 2007）。

## Active Learning ｜ アクティブラーニング 11

**Q.1**

**歩くときと走るときで，体の使い方にはどのような違いがあるだろうか**

たとえば，本文で紹介した倒立振り子をヒトは常に使っているのかどうか，考えてみよう。本を置いて，実際に歩いてみたり走ってみたりしてもよいだろう。

**Q.2**

**ヒトの二足歩行は他の動物の二足歩行と比べてどこが異なっているだろうか**

二足歩行を行う動物はヒト以外にもいるが，他の動物の二足歩行はときとしてぎこちなく見える。たとえばチンパンジーの二足歩行の動画を探して，ヒトとの違いを探してみよう。

**Q.3**

**直立二足歩行には，デメリットはあるだろうか**

われわれヒトが繁栄していることから，直立二足歩行はよいこと尽くめのように思えるかもしれないが，実はそうではない。デメリットとしてはたとえば腰痛が有名だが，ほかにもあるかどうか考えてみよう。

**Q.4**

**ヒトの筋骨格形態は，直立二足歩行に最適なデザインといえるだろうか**

ヒトの筋骨格形態には直立二足歩行と関連させて説明できる特徴が多数ある。しかしそれが工学的に見て最適なデザインといえるのかどうかは別問題である。最適ではないとしたら，なぜ最適ではないのか，その理由を考えてみよう。

第12章

# 知性

## ヒトはなぜ賢くなったのか

平田　聡

　ヒトを表す学名ホモ・サピエンスのうち，サピエンスはラテン語で「見識のある」「賢い」「思慮深い」といった意味である。ヒトが賢い生き物であることを，その学名が物語っているといえるだろう。本章では，賢さのことを「知性」という言葉で表し，ヒトの知性を進化的な枠組みの中で考えたい。ヒトが知性をもつとして，それでは，知性はヒトにだけ突然備わったものなのだろうか。それとも，生物の進化の中で知性は連続的，あるいは段階的に変化してきたものなのだろうか。ヒトの外見や形態や生理的特徴が，ヒト以外の霊長類に類似しているのと同様に，知性においても，ヒトとヒト以外の霊長類には類似した特徴が見られると考えても不思議ではないだろう。ヒトの知性の進化的基盤を探る目的で，ヒト以外の動物の知性に関わる研究が多くなされてきた。ヒトと，ヒト以外の各種動物を比べてみると，それぞれ認知機能において似ている点もあれば，異なる点もある。そうした類似点や相違点を見ることで，ヒトの知性を進化的な視点から考えることができるだろう。これまでの研究成果を概観しながら，ヒトの知性について考えてみたい。

KEYWORDS　#知性　#進化　#脳　#生態的知性　#社会的知性

# 1｜ヒトの進化と知性

・

## 知性とは

ヒトの学名は*Homo sapiens*である。現在の生物の分類体系を作ったカール・フォン・リンネが1758年に名づけたものだ。ラテン語で，賢い人間という意味である。賢さがヒトの顕著な特徴であることを象徴しているといえる。

賢さを，本章では知性といいかえて表すことにする。英語ではインテリジェンス（intelligence）を指す。インテリジェンスの定義は研究者によってさまざまであるが，たとえば心理学者のウェクスラーは，「目的をもって行動し，合理的に思考し，環境を効果的に情報処理する個人の全体的もしくは総体的能力」と述べている（Wechsler 1944: 3）。

ただし，心理学の分野では，インテリジェンスは「知性」ではなく「知能」と訳されるのが普通だ。人工知能や知能検査といった用語にある「知能」である。どちらかといえば，知性はヒトに特有の高い次元のものであり，知能はヒト以外の動物にも当てはまるものである，といった漠然とした使い分けをされることがあるが，両者の線引きについて専門家の間でも明確な合意があるわけではない。いずれにしても，思考や問題解決などの高次の認知機能を指すと考えていただければよい。

本章で英語のインテリジェンスを知性という言葉で表す一つの背景は，後述のソーシャル・インテリジェンス（social intelligence）仮説を和訳する際に，当初は社会的知能仮説とされたが，のちに社会的知性仮説という和訳の方が主流となったことによる（バーン&ホワントゥン 2004）。なぜ知能ではなく知性という言葉が用いられるようになったのか，明確に根拠となる資料はないが，知能というと「能力」を意味し，能力がある，ない，高い，低いといった，有無や優劣の問題に還元されかねず，それを避ける意味があったようである。ヒト以外の動物のさまざまな認知機能のあり方を，必ずしも能力の有無や優劣として議論するのではなく，多様なあり方そのままに理解すべきであるという考え方である。ただし，本章では知能と知性を明確に使い分ける意図はなく，上述のウェクスラーの定義にあるような事柄を知性と呼ぶことにする。

・

## 知性をつかさどる脳

知性を生み出すのは，神経系による情報伝達，情報処理といえるだろう（藤・高畑 2000）。脊椎動物では，脳が中枢神経となる。魚類，両生類，爬虫類では，脳の大部分を脳幹が占める。彼らの大脳は採食や交尾などの行動を制御する大脳辺縁系によって構成される。大脳辺縁系は，系統発生的に古く出現したもので，古皮質と呼ばれる。哺乳類では，大脳の中に新皮質と呼ばれる領域が備わる。物の知覚，運動の制御，計算，推論，計画などをつかさどる領域である。ヒトでは大脳の表面のうち95％を新皮質が占める。

脳が大きいということは，それだけ神経細胞が多いということであり，処理できる情報が多いことを意味する。ただし単純に脳が大きければ知性が高いか

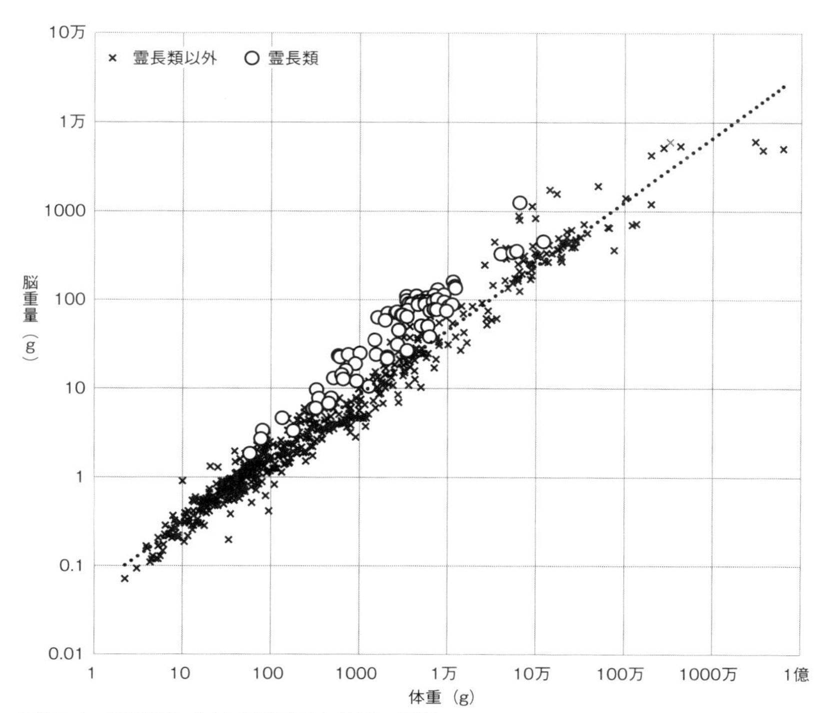


図12-1　哺乳類における脳重量と体重の関係

出所：Boddy et al.（2012）をもとに筆者作成。

というとそうでもない。ヒトの脳は約1400g前後であるが，ゾウの脳は4000gを超える。体の大きなゾウは，その分大きな脳をもつ。

そこで，体と脳の関係を哺乳類のさまざまな種で調べてみると，脳重量は，体重の0.76乗に比例する関係にあることが分かる（Martin 1990）。ただし研究者によって少し異なる関係式が使われる場合もあり，体重と脳重量の関係に最初に着目したジェリソンでは，体重の3分の2乗に比例するとした（Jerison 1973）。

脳化指数と呼ばれる指標値がある（Jerison 1973; ダンバー 2016）。上述のとおり，体重と脳重量に関係があることから，ある体重の動物種が，どのくらいの脳の重さになるのかを予測することができる。その予測値に比べて，実際の脳の重さの比をとったものが脳化指数である。脳化指数が1より小さい場合は，体重から予測されるより脳が小さい。脳化指数が1より大きいと，体重から予測されるより脳が大きい。脳化指数の値は，たとえばニホンザルでは約1.5〜2.0，チンパンジーでは約2.0〜2.5，ヒトでは約5.0〜7.0である。すなわち哺乳類の中でも霊長類は，大きな脳をもつ。霊長類が，高度な認知機能を備えていることの裏づけである（図12-1）。

•

### 脳は高価な組織？

脳を大きくすることには，代償もある。脳が多くのエネルギーを消費する器官だからである（Aiello & Wheeler 1995）。計算によると，ヒトの脳は1000gあたり11.2Wのエネルギーを消費する。ヒトの体全体のエネルギー消費は1000gあたり1.25Wであるから，脳は単位重量あたりその10倍ものエネルギーを必要としている。

ヒトの脳の重さは体重の2%程度に過ぎないが，脳が消費するエネルギーはヒトの体全体の基礎代謝の16%程度に達する。基礎代謝とは，体が安静時に最低限の生命維持活動（拍動，呼吸，体温維持，新陳代謝など）のために必要とするエネルギーである。そうした大きなエネルギー負担をしてまで大きな脳を維持しているのはどのような理由によるものか，いくつか仮説が提示されている。採食行動との関係を論じた仮説（第5章参照）や，社会性との関係を論じた仮説（後述）などである。そうした仮説とはまた別に，基礎代謝に関係して，興味深い事実もある（Aiello & Wheeler 1995）。ヒトの体全体の基礎代謝率が，ヒト以外の哺乳類の実測値から予測される値と変わらないのである。ヒトは，脳で余計なエネルギーを使っている分，体の他の器官でのエネルギー消費を低くしていると考えられる。

体重で基準化すると，脳と逆に，ヒトにおいてサイズが特異的に小さい臓器は消化管である。消化管の消費エネルギーを削った分が脳の消費超過を埋め合わせていると考えられる。しかし，消化管を小さくすると，摂取できるエネルギーが減ることになり，そのままではうまくいかない。人類において，消化しやすく単位量あたりの栄養価が高い肉食（第6章参照）に食性が変わることで，必要な栄養を確保しながら，消化管を小さくすることが可能になったと考えられる。こうした考え方は，高価な組織仮説と呼ばれる。脳が高価な組織であるという事実を浮かび上がらせ，高価な組織を維持するための帳尻合わせを基礎代謝率との関係で説明する仮説である。

## 2｜ヒト以外の動物の知性の諸相

### 学習

ヒト以外の動物たちは，具体的にどのような知性を備えているのだろうか。以降では，その具体例をいくつか紹介しよう。

まずは「学習」を取り上げる。学習を簡単に定義すると，成熟や老化といった生理的理由ではなく，経験によって，知識状態や行動が比較的永続的に変化することを指す（藤田 1998）。ヒト以外の動物も学習をする。一般的には古典的条件づけとオペラント条件づけに分けられる。

古典的条件づけの代表例はパブロフのイヌである。ベルが鳴ると肉が与えられる状況を繰り返し経験したイヌは，ベルの音を聞くだけでよだれが出るようになる。古典的条件づけでは，反射行動（よだれが出る）を引き起こす状況（肉を与える）と中立の状況（ベルが鳴る）の結びつきを学習する。

オペラント条件づけは，任意の自発的な行動について，行動に伴って報酬や罰が与えられることで，その行動の頻度が高くなったり低くなったりすることである。たとえばイヌが，訓練すると飼い主の指示に応じて「お手」「伏せ」の姿勢をとるようになることである。

逆転学習と呼ばれる手法で動物の学習能力を比較することができる（Rumbaugh & Pate 1984）。逆転学習は，いったん学習した正解－不正解の関係を逆にするものである。たとえば，緑のランプを押すと正解で食べ物がもらえ，赤のランプは不正解で食べ物がもらえないという学習をさせたのちに，今度は赤のランプが正解で，緑のランプを不正解とする，という手続きだ。正解－不正解が逆転したのちに，どれくらい早く新しい正解を学習できるのかを指標として，学習に関連した認知機能を測ることができる。キツネザル，リスザル，マカクザル，ゴリラやチンパンジーを対象に同じ逆転学習課題を行って比較したところ，キツネザルなどの曲鼻猿類では学習が遅く，リスザルやマカクザルなどでは学習がやや早くなり，ゴリラやチンパンジーではさらに早いという結果となった。霊長類の中で系統的にヒトから遠い種では学習が遅く，ヒトに近縁になるにつれて学習が早くなる（序章の図0-1参照）。

・・

### 概念形成

リンゴやミカンは果物であり，チューリップやタンポポは花である，という具合に，見た目や機能が類似した物同士をまとまった一つのカテゴリーとして認識することを概念形成と呼ぶ。われわれが概念をもつのは言葉によってラベルを与えるからだと思いがちだが，言語をもたない動物も学習訓練などによって概念を形成する（藤田 1998）。

ハトを対象とした研究で，たくさんの写真を提示し，ヒトが写っている写真の場合はキーをつつくと食物が与えられ，ヒトが写っていない写真では食べ物はもらえないという訓練をすると，新しい写真を提示しても，ヒトが写っていればキーをつつくようになる。ヒトという概念をハトが形成したことが示唆される。イヌやサルなどの多様な動物で，生物と無生物，ヒトや自種を含む動物種，植物や食物など，多様な概念の形成が報告されている。

また，多くの霊長類で，同一見本合わせ課題を学習することができる。複数の写真の中から同じ写真を選ぶような課題である。こうした課題によって，ヒト以外の霊長類も「同じ」「違う」という関係の概念が習得可能であることが示されている。

・・

## 自己認識

われわれ人間は，鏡に映った自分の顔を正しく自分だと認識することができる。鏡映像自己認識と呼ばれる現象である。チンパンジーも，鏡映像自己認識ができる。それを最初に示したのはアメリカの心理学者ギャラップである（Gallup 1970）。マークテストと呼ばれる方法を使った研究だ。まずチンパンジーたちに鏡を見せて十分慣れてもらう。ある程度時間が経つと，鏡を見ながら自分の体を触るようになるチンパンジーが出てくる。そこで，チンパンジーを麻酔し，そのおでこに染料で赤い印をつけておく。チンパンジーは麻酔で眠っているので，染料をつけられたことには気づかない。麻酔から目覚めても，おでこの印には気づかない。印はおでこにあり，自分の目で直接見ることができないからである。また，染料には触感や匂いもないように配慮がされている。チンパンジーが麻酔から覚めた後，チンパンジーに鏡を見せてみる。するとチンパンジーは，鏡を見ながら，自分のおでこを触って，染料を取ろうとするような行動をする。鏡に映った自己を正しく自己と認識しているからである。

その後，多くの霊長類種で鏡映像自己認識の研究が行われた（板倉 1999）。結果をまとめると，鏡映像自己認識が可能なのはチンパンジー，ボノボ，ゴリラ，オランウータンという大型類人猿に限られる。ただし，すべての個体ができるわけではなく，自己認識の証拠を見せる個体とそうでない個体に分かれる。霊

写真12-1　鏡を見るチンパンジー。口を開けて鏡に映し，自分の口の中を確かめようとしている（筆者撮影）

長類以外の動物種では，イルカとゾウで，鏡映像自己認識が可能なのではないかという研究結果があるが，まだ強い証拠はない。大型類人猿以外でどこまで鏡映像自己認識が可能なのか，明確な結論を下すのにはまだ証拠不十分といえる（写真12-1）。

## 類人猿の言語研究

ヒトの大きな特徴は，言葉を話すことだろう。それでは，ヒト以外の動物は，言葉を覚えることができないのだろうか。20世紀前半，チンパンジーにヒトの話し言葉を教える試みがなされた。しかし，結果はうまくいかなかった。チンパンジーの喉の構造の制約で，彼らはヒトのように音を発することができないためである（第13章参照）。

ただし，視点を切り替えて，手話を使った研究を行ってみると，チンパンジーも手話を覚えることできることが示された。アメリカの心理学者ガードナー夫妻の研究だ（Gardner & Gardner 1969; ファウツ＆ミルズ 2000）。ワショーという名前のチンパンジーに3年半の訓練を行った結果，物の名前や形容詞や動詞など約150種類の手話を習得した。さらにそれを組み合わせて二語文や三語文を形成することができた。その後，ゴリラやオランウータンも手話を習得できることが確かめられた（写真12-2）。

写真12-2　チンパンジーの手話の一例。手を口に当てるサインで，「食べる」という意味の手話（筆者撮影）

ただし，何をもって手話を習得したとするのか，客観的に示すのが難しい部分もある。正しい手話を行ったのか，研究者の主観で判断されがちだ。そこで，より客観的にするため，図形文字を用いた手法がとられるようになった。物の名前や形容詞に相当する図形を人為的に作って，コンピュータ制御の画面上に呈示し，チンパンジーの選択結果はコンピュータが判定する。その結果，チンパンジーやボノボが，確かにさまざまな図形文字を学習でき，さらには複数の図形文字を組み合わせて使うことができることが分かった（ランバウ 1992；松沢 2008）。また，物の数を数えてアラビア数字で表したり，数の順序を覚えたりすることもできる。すなわち，チンパンジーなど類人猿にも，シンボル操作能力がある。

ただし，ヒトの言語との違いも見えてきた。まずは，チンパンジーなどが手話や図形文字を組み合わせるといっても，3〜4語に過ぎない。ヒトのように多くの単語を並べた文章を作ることはしない。次に，刺激等価性が成立しない。たとえば，リンゴの写真を見て，「リンゴ」という言葉を選べるようになったとする。そうすると，ヒトであれば，逆の関係もすぐに理解できる。つまり，「リンゴ」という言葉を見て，リンゴの写真を選ぶことができる。ところがチンパンジーでは，逆の関係をすぐには理解できず，「リンゴ」という言葉を見てリンゴの写真を選ぶことを，またゼロから学習しなければならない。

## 3｜知性の進化

### 生態的な知性

知性はいかにして進化してきたのか。その理由を説明する考え方の一つに，生態的な知性の仮説がある（バーン 1998）。霊長類の生態や採食の特徴と知性との関係に着目した説だ。

霊長類種が日常的に移動する範囲である遊動域の広さと，その霊長類種の脳の大きさには関係がある。広い遊動域の霊長類ほど，脳が大きい。遊動域が広ければ，その分，土地や環境について記憶しておくべきことは多くなる。したがって，大きな脳が必要となる可能性が考えられる。

また，食べ物の種類とも関係がある。葉を食べることに特化した霊長類に比べて，果実をおもに食べる霊長類は大きな脳をもつ。森の中で，葉は基本的にいつでもどこでもある。それに対して，果実はどこにでもあるわけではない。しかも，熟して食べられる時期が決まっている。したがって，葉を食べるのに比べて，果実を食べる場合には土地や木々に対する情報を適切に記憶して判断する必要がある。それに伴って，大きな脳をもつようになった可能性が考えられる。

•••

## 社会的な知性

知性の進化と社会性に関係があるとする仮説が「社会的知性仮説」である。この仮説には，社会交渉から迫るアプローチと，集団サイズから迫るアプローチがある。

社会交渉から迫るアプローチの代表は，霊長類のあざむき行動に着目した視点だ（バーン＆ホワイトゥン 2004；ホワイトゥン＆バーン 2004）。あざむくためには，賢い必要がある。自分がどうすると相手がどうするのかを予測しながら戦略を練らなければならないし，自分の本当の意図を隠さなければならない。

ヒト以外の霊長類でも，他個体をあざむいているように見える行動をすることがある。そうした，あざむきに見える行動を丹念に整理していくと，ある傾向が見えてくる。まず，霊長類の種ごとに，あざむきに見える行動がよく観察される種と，そうでない種がある。そして，あざむきに見える行動が多く起こる霊長類種では，脳の中の大脳新皮質の割合（大脳新皮質比。大脳新皮質と脳のそれ以外の部位の比率）が高い。大脳新皮質は高度な認知処理と関連している。高度な認知処理を行う霊長類種ほど，あざむき行動がよく起こるということだ。

あざむきに限らず，たとえばチンパンジーでは，雄同士が順位争いをして複雑な駆け引きを行う（ドゥ・ヴァール 1994）。第1位の雄を蹴落とすために，第2位と第3位の雄が連合を組む，といった場合だ。あざむきや駆け引きと，知性の進化との関連を指摘した説は「マキャベリ的知性」ともいわれる。マキャベリは中世の策略家で，政治家の権謀術数の世界を描く書を著した。社会の中でうまく駆け引きをするために高い知性が必要となったとするのがマキャベリ的知性仮説であり，社会的知性仮説の別名といえる。

次に，集団サイズから迫るアプローチは，いろいろな霊長類種が作る社会集

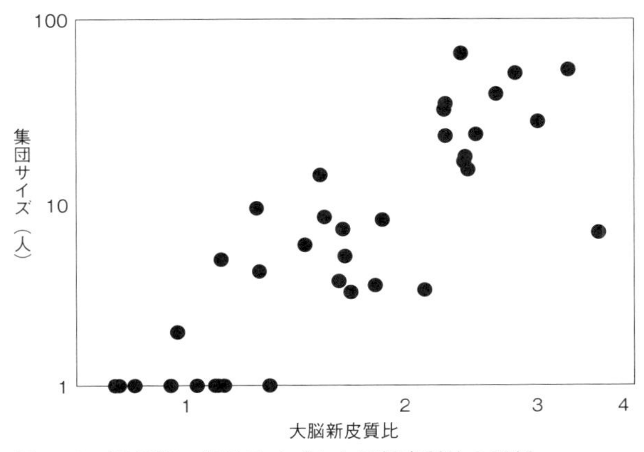


**図12-2　霊長類の集団サイズと大脳新皮質比の関係**

出所：Dunbar（1992）をもとに筆者作成。

団の個体数と脳の大きさとの関係を調べたものだ（ダンバー 2016）。霊長類の種ごとに，集団サイズ（一つの群れあたりの個体数）が異なる。集団サイズと大脳新皮質比との関係を調べたところ，集団サイズが大きい霊長類種ほど大脳新皮質比が高いことが示された。集団サイズが大きいということは，その分社会が複雑であるということを意味するため，複雑な社会に暮らす霊長類ほど高度な知性が必要とされると解釈できる。この仮説は，「社会脳仮説」とも呼ばれる。これも社会的知性仮説の別名といえる。

集団サイズと大脳新皮質比に関係があるということは，逆に，大脳新皮質比が分かると，集団サイズが推定できるということにもなる。ヒトの大脳新皮質比から推定される集団サイズは約150人である（ダンバー 2011）。この数字は，集団サイズと脳の関係を最初に提唱した研究者ダンバーの名を冠して，ダンバー数と呼ばれる。狩猟採集民の共同体の人数が約150人であり，ダンバー数とよく一致する（図12-2）。

・・・

### 知性の進化に残る謎

ヒトの知性の進化について，本章では，これまでに明らかになった知見のいくつかを取り上げてその概要を紹介した。ただ，まだ不明なことも多い。心理学の実験室で概念形成の証拠を見せる動物たちは，野生の暮らしの中でも概念をもって行動しているのだろうか。野生の類人猿は図形文字に接したり鏡を見たりすることはない。それなのになぜ，彼らは図形文字を理解したり鏡映像自己認識をしたりする能力を備えているのか。

本節で紹介した生態的知性仮説と社会的知性仮説のうち，どちらが正しいのかも，定かではない。どちらか一方が正しいのではなく，双方の複合的な要因なのかもしれない。いろいろと分からないことも残されているが，進化的な視点から知性の成立を探ることは，ヒトがヒトであるゆえんを理解するにあたって重要な鍵を握っているだろう。

Case Study　ケーススタディ 12

## 心の理解か行動の理解か
### 知性的に見える行動のメカニズム

ヒト以外の霊長類があざむき行動を行うとき，それはどのようなメカニズムによるものだろうか。相手の心の内を理解してあざむいているのだろうか，それとも相手の行動パターンを学習して利用しているのだろうか。

例として，警戒声によるあざむきを取り上げてみる。ある種のサルの個体Aと個体Bがいて，個体Aの方がBより順位が高いとする。両者の間に揉め事が起こって，個体Aが個体Bにおそいかかろうとした。そのままでは個体BはAにやられてしまう。そこで個体Bは警戒声を発した。警戒声は，外部の敵の存在を仲間に知らせるための音声だ。通常，これを聞いた群れの仲間は外敵に備えて警戒する状態になる。ただし，個体Bが個体Aに攻撃されそうになったとき，実際には外敵はどこにもいなかった。それでも個体Aは警戒態勢をとり，個体Bへの攻撃をやめた。個体Aの視点で考えると，個体Bの警戒声によってあざむかれたことになる。

この現象の解釈として，相手の心の内が分かっている可能性が考えられる。つまり，個体Bは，実際は外敵はどこにもいないけれど，個体Aはすべてを見渡すことはできないから，外敵がいないことを確信できないはずであり，したがって，自分が警戒声を発すると，個体Aは外敵がいると信じて警戒態勢に入るだろう，そうすると自分への攻撃の意図はなくなるだろう，という策略をとったという解釈だ。

このように，相手の心の内を理解できることを，「心の理論」をもつ，と呼ぶ（プレマック＆プレマック 2005）。「理論」と書くと難しく聞こえるかもしれないが，心は目に見えないものであるので，そうした目に見えないものを理解できるのは理論があるからだ，という理屈である。ヒト以外の動物が心の理論をもつのか，さまざまな研究がなされてきた。これまでの知見を総合すると，ヒトのような高度な水準の心の理論はヒト以外の動物はもたないが，しかし他個体の心の内がまったく分からないわけではなく，心の理論は段階的に進化してきたといえる。

一方で，上記の個体Ｂの警戒声によるあざむき行動は，行動パターンの学習によるものという説明も成立する。過去のある時点で，個体Ｂが他個体に攻撃されそうになったとき，たまたま外敵が現れた，ということが本当にあったのかもしれない。そのとき，個体Ｂは本当に警戒声をあげると，相手から攻撃されずに済んだのかもしれない。そうした実際の例の経験によって，相手に攻撃されそうになったら警戒声を発したら攻撃されない，というパターンを学習したのかもしれない。

言葉を話さない動物が，相手の心を理解しているのか，行動パターンの学習によって対応しているのか，確かめるのは難しい。現在までの研究では完全に答えが出ていない。見えない相手の心を理解するのに比べて，見える相手の行動を学習する方が容易であり，認知的にも低次である。低次の心的な能力によって説明可能なことは，高次の心的な能力によって解釈してはならないという考え方があり，モーガンの公準と呼ばれる。

## Active Learning　アクティブラーニング 12

### Q.1

**いろいろな動物の脳化指数を計算してみよう**

体重から予測される脳重量を，次の式で表すとする。脳重量（g）＝0.059×（体重（g）の0.76乗）。実際の脳重量を，この式で予測される脳重量で割ると，脳化指数を算出できる。いろいろな動物の脳重量と体重を調べて脳化指数を計算してみよう。0.76乗の計算は計算ソフトなどを使うとよい。

### Q.2

**学習の生物学的制約について調べてみよう**

オペラント条件づけによって，ヒト以外の動物もさまざまな行動を学習する。ただしそこには制約があることも知られている。本能による漂流という現象がある。この現象がどんなものか調べてみよう。

### Q.3

**霊長類の集団サイズと系統関係について調べてみよう**

霊長類において，集団サイズ（一つの群れあたりの個体数）と大脳新皮質比には相関関係がある。ただし，種によってばらつきもある。いろいろな霊長類の集団サイズと，ヒトとの近縁度との関係について調べてみよう。

### Q.4

**ダンバー数は成り立つだろうか**

ヒトのダンバー数は約150とされる。普段の生活の中で，あなたが関わる人の数を数えてみよう。アドレス帳に登録している人の数，SNSでつながっている人の数などがよい例になるだろう。ダンバー数に近い数が出てくるだろうか。

第13章

# 言語

## そもそも言語とは何か

西村　剛

言語は，生物としてのヒトが人間という文化的な存在たりうる最大の特性である。人々が天まで届くバベルの塔を作ろうとしたところ，神が降臨して人々の言葉を分けて互いに通じないようにしたという話が聖書に出てくる。そこには，言語があればこそ，ヒトは文明を築き，他の動物にはない繁栄を勝ちえたという意識が見てとれる。言語は，ヒトの本能ではない。言語は，周りの大人による言語による働きかけを受けて，子どもがそれを真似ることによって発達する。その言語を発達させる認知能力や身体能力は，遺伝子によって受け継がれる。言語は多くの生物学的な能力によって支えられている。それら能力をどのように探求していけば，言語の進化に迫ることができるのだろうか。

言語を，ヒト以外の動物に見出すことはできない。しかし，言語を支える個々の能力の中には，ヒトにあるものそのものではないにしろ，ヒト以外の動物，特に霊長類に萌芽的ともいえるものが見出せるものがある。言語の進化と起源を探る自然人類学的アプローチは，そのような能力について，ヒトとヒト以外の霊長類に共通する点と相違する点を見出して，それらを系統樹に積み重ねて，ヒトがもつ能力が進化してきた道筋を復元するという挑戦である。それは，言語とはそもそも何だったのか，という問いへの答えを探す取り組みでもある。

KEYWORDS　#文法　#音声　#聴覚　#鳴きわけ　#化石　#音楽　#毛づくろい

# 1｜言語を生物学的に理解する

・

### 言語進化研究——タブーからの解放

地球上には，現在6500種類の言語があるといわれる。日本語や英語という意味での言語がどのように誕生したのかについては，聖書の例を引くまでもなく，古くから多くの人々の興味をひいてきた。文法や語彙の類縁関係は，個々の言語がどのように生まれたのかを理解する一助となる。しかし，言語の起源の研究は，正統な言語学ではタブー視されていた。1865年，パリ言語学会は，その会則で言語起源論に関する論文を受け付けないと宣言した。ダーウィンによる『種の起源』が出版されたのは1859年であり，すでに生物進化の研究の歴史は幕開けていた。しかし，当時の言語の起源に関する言説は，珍説や奇説の類も後を絶たず，とても科学的な実証に堪えるものでなかったようである。

ヒトに備わった能力という意味での言語の進化研究が隆盛を迎えるには，20世紀も終わろうかという頃まで待たなくてはならなかった。1856年にドイツでネアンデルタール人が，1924年には南アフリカでアウストラロピテクスが発見されて，人類の定義が見直される。さらに，20世紀後半に入って，ヒト以外の霊長類の社会や行動，認知能力が次々と明らかにされると，人間らしさの定義も揺らぐ。人間らしさを裏づける大きな特徴の一つである言語についても，1970年代のネアンデルタール人の音声器官の復元や，1980年のベルベットモンキーの鳴きわけの発見，さらに2000年代に入って，いわゆる言語遺伝子の発見などがあって，生物学的な視点からの理解が進んできた。そして，今や，言語進化は，生物学にとどまらず，言語学や認知科学，脳科学，情報科学なども参画する実証的研究の対象となった。

・

### 言語の生物進化とは——言語学との融合

生物進化とは，遺伝子によって継承される特性が，世代を経て変化することを指す。それに対して，文化進化は，社会に共有される情報などが，遺伝子に刻み込まれることなく継承され，世代を経て変化することを指す。

言語は，遺伝子で継承されてきた能力のみでは発達しない。大人からの言語による関わりが断絶された環境では，言語は適切な発達をみない（皆川他 2023）。新生児は，「アー」や「ウー」といった単音の母音を発するところから始まり，次第に，子音と母音からなるクー音（グー音）を発するようになる。6ヶ月の頃になると，「ダダダ」や「バババ」いった子音と母音からなる声を連続させる喃語がはっきりするようになる。そして，1歳を過ぎたあたりから，「マンマ」や「アンパン」といった複数の異なる声を連ねて意味を有する単語を口にするようになる。この初語の出現以降，発話が急速に発達していく。3歳を過ぎた頃には1500語を超える。それと並行して，知性も発達していく。このような言語発達の過程では，子どもが，大人が発する語を何の目的もなしにそのまま真似る様子がよく見られる。この模倣する能力や，さまざまな声を意のままに発する身体能力，語の音と意味とを関連づける認知能力など，遺伝子に裏づけられた生物学的能力の発達が，言語の発達を支える。このように，文化的手段と生物学的能力とを介して言語は発達する。その様相は，言語の生物進化を理解するための方策を示す。

言語とは，端的には，限りある要素から無限の表現を作り出すシステムといえる。たとえば，単語の数には限りがあるが，日々の会話では，それらをつなぎあわせて無限の表現が繰り広げられている。そのシステムを構成するのが言語能力である。言語能力は，狭義の能力と，それを内包する広義の能力に分けられる（Hauser et al. 2002）。狭義の能力は，脳内で躍動する文法的能力にあたるものである。私たちは，他人がどう考えているのかを，自らの心の中で推測できる。これを記述すれば，自ら推測するという文章の中に，他者がどう考えているかという文章が含まれる構造になる。この文章の入れ子は，理論的には無限に繰り返すことができる。脳内で繰り広げられるこのような再帰の能力が，言語能力の核をなす。しかし，それ単体では，無限の表現は脳内に留まるのみである。その核に，自ら意図した音声を発し，聴くという能力や，ある対象や状況に対してある特定の音声を当てるといった能力が加わって，脳内で組み上げられた表現は他者の脳に再現され，また，他者の脳から自らの脳に伝えられる。

再帰をはじめとする狭義の言語能力は，ヒトに固有で，ヒト以外の霊長類にはその片鱗を認めるのは困難である（Fitch & Hauser 2004）。一方，広義に含まれる能力には，ヒト以外の霊長類にも，ヒトの能力そのものではないにしろ，比較可能な特性を見出すことができる（Hauser et al. 2002）。特に，音声やそれを使ったコミュニケーションには，言語の生物進化を理解するための多くの手がかりがある。

## 2｜言語の能力とは何か

### 話す，聞く

現代人において，文字をもたない集団はあっても，音声による言葉をもたないものはない。脳内で作られた無限の表現を即座に他者へと伝えるためには，素早く，柔軟な変化に富むコミュニケーション媒体が求められる。それらを兼ね備えたものとして進化したのが話しことばという音声コミュニケーション媒体である。

音声は，肺からの吐く息の流れをエネルギー源とする。それを受けて，のどにある声帯が振動して，音源が作られる。この音源は，スマホのバイブ音のような音であって，私たちが耳にする声ではないが，声の高さ（ピッチ）や，強弱，長さはこれで決まる。声帯から唇に至る管状の空間のことを声道という。音源を，この声道の共鳴というフィルターを通すことによって，私たちの耳に届く「ア」や「イ」といった母音を含む声が形作られる（ラファエル他 2008；西村 2010）。舌や唇を動かして声道の形を変えると，母音が変わる。この仕組みは，ヒトにのみ備わっているものではなく，ヒト以外の霊長類を含む多くの動物で見られる（西村 2021）。

ヒトとヒト以外の霊長類とでは，音声のどの特徴にコミュニケーション上の意味をもたせるかが大きく異なる。ヒトは，一息の短い間にも，多くの母音や子音をとり混ぜて声を発する。さらに一息を長く続けて，一息と一息の間に素早く息を吸って，さらに息を続けて，長々と話をする。その長い声の連なりが，コミュニケーション上，重要な意味をもつ。その連なりは，声道の形を素早く，柔軟に変化させて作られる。一方，ヒト以外の霊長類の多くは，一息で一音を発する。その声の高さや長さの違いに，コミュニケーション上の意味を置くことが多い。それらは，声帯の振動の違いによって作られる。このように，ヒトとヒト以外の霊長類とでは，コミュニケーション上の意味を作る場所が異なる。

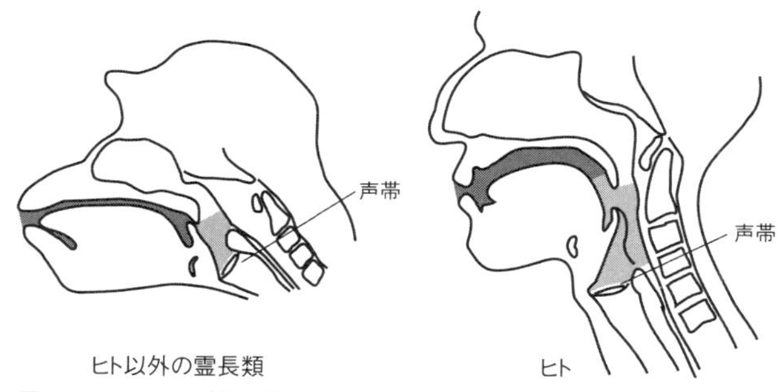


**図13-1　ヒト以外の霊長類とヒトの声道**
注：濃灰色は口の空間，薄灰色はのどの空間。

声を長く連ねるという話しことばの特徴は，ヒトの声道や声帯の特徴的な形によって支えられている。ヒトの声道は，ヒト以外の霊長類のものと異なり，手前の口の空間が短くなる一方で，奥ののどの空間が長くなった（図13-1）（Lieberman et al. 1969; 西村 2010）。舌も，前後に長細い形から，球形に変わった。そのような特徴により，ヒトは，その舌の形を少し変えるだけで，声道の形を素早く，柔軟に変化させることができる。また，声帯の形も変わった。ヒト以外の霊長類には，声帯の上に声帯膜と呼ばれる付属物がついている（Nishimura et al. 2022; 西村 2023）。この声帯膜があることによって，大きな声や高い声を出しやすくなっている。その一方で，突然，声帯の振動が乱れたり，声の高さが変わったりと，声が不安定になりやすくもなる。声帯膜がないヒトの声帯では，大きな声を出すには不利であるが，声が安定するようになった。このような声道と声帯の形の進化により，声の連なりが阻害されることなく，他者に正しく伝えられるようになった。

その素早く連なる声を正しく発するには，同時に，自ら発した声を聞いて確認することが不可欠である。そうした聴覚の働きが正しく機能しないと，声が連なり始める喃語以降の発話の発達に影響が出ることが知られている（皆川他 2023）。一方で，ヒト以外の霊長類では，音声の発達に大きな影響を与えることなく，成体と同じような音声を発するようになる（Hammerschmidt et al. 2001）。その音声が，ヒトのクー音に相当する段階に留まるからかもしれない。

ヒトの聴覚は，ヒト以外の霊長類と異なる特徴をもっている。ヒトでは話しことばが繰り広げられる音域に鋭敏になっているが，ヒト以外の霊長類では自らの音声を含む音域ではむしろ鈍感になっている（小嶋 1988）。両者ともに，環境中の音は同じものを聞いているので，自らの音声の特徴が反映されていると考えられる。ヒト以外の霊長類は，遠く離れた個体に対してロングコールを発するなど，大きな音声をよく使う。自らの大きな声から聴覚を守るために，よく使う音域が鈍感になっているのかもしれない。ヒトの話しことばは，声帯の形からも明らかなように，対面での小さな声でのやり取りであるので，大きな声からの保護は必要としなかったのだろう。ヒトの鋭敏さは，素早く変化する声を正確に聞き取り，発することと関係していると考えられる。

••

### 声と意味

ヒトの話しことばでは，ある対象や状況に対してある特定の音声を当てて表現する。たとえば，猫を指して，日本語では「ネコ」といい，英語では「cat」という。「にゃんにゃん」はその鳴き声を模した幼児語の表現であるが，多くの語には音声とそれが示す対象や状況とに直接の関連性はない。その気になれば，声と意味の対応を思うがままに変えることもできる。また，新たな対象や状況に面して，これまでにない音声パターンを創造して当てることもよくある。それは，言語コミュニケーションが無限の表現を作り出せる能力の一つである。

大きな群れを作る動物では，餌として捕まえにくる天敵や危害を加える動物が近づいてくるのを発見した個体が，声を発して，群れのメンバーに危険を知らせることがある。東〜南アフリカに分布するベルベットモンキーは，複数の雄と雌とそれらの子から成る群れで暮らす。このサルは，天敵であるワシ，ヒョウ，危害を加えてくるヘビ，それぞれに対して異なる音声を使い分けることが知られている（Seyfarth et al. 1980）。他のメンバーは，それぞれの声が表す危険に応じて適切に待避したり，対処したりする。あらかじめ録音しておいた声をスピーカーで流しても，同様に適切な行動をとるので，声のみでそれぞれの危険を理解していることが分かる。これらは，声と意味とを対応づける私たちの言語能力を彷彿とさせる。

この音声の使い分けは，「ワシ」や「ヒョウ」「ヘビ」といった名詞に当たるものを表しているわけではない。むしろ，パトカーや救急車のサイレンの違いに近い。パトカーと救急車のサイレンを連ねて，パトカーが救急車を先導しているといった何かの状況を示すことがないように，複数の声を柔軟に連ねて新たな表現を次々と創出することはない。ヒト以外の霊長類では，音声は，基本的にはその場の状況や自らの情動の状態によって発せられる。それらと切り離された状態で，特定の音声を意図して発するのは極めて難しい。さらに，音声レパートリーは定型的であり，自然環境下で，新たな音声パターンが創出されることは知られていない。

このようなヒトとヒト以外の霊長類での声と意味の対応づけの柔軟性の違いは，脳内の文法的能力の有無も反映しているのだろう。南アメリカに分布するマーモセットは，入れ子を含まない音声の連なりのパターンは学習し理解することができるが，入れ子を含むパターンは学習できないことが示されている（Fitch & Hauser 2004）。ヒト以外の霊長類は，複雑な社会関係をもって，時々に応じて，高度に社会的な行動をしている。その中で，これまでになかった行動も創出される。たとえば，宮崎県幸島のニホンザルでは，ある若い雌個体が与えられたイモを海水で洗い始めたのを契機として，その新たな行動が集団内に伝播し，かつ，後の世代へと受け継がれている（第14章）。手と異なり，音声は，運動の制御に対する神経科学的な制約もあって，意のままに発することができない。そのこともあって，手のような文化進化は見出しにくい。

## 3｜言語進化に挑む

### 化石から見た言語の進化

かつて，チンパンジーに発話の訓練をした取り組みがあった。ヴィキと名づけられたチンパンジーは，生後すぐに研究者夫妻に引き取られ，家庭の中で育てられ，聴覚障害をもって生まれた子のために開発された発話訓練を受けた。しかし，3歳になっても，「ママ」「パパ」「カップ」の三つの単語を発するようにしかならなかった（Hayes & Hayes 1951）。ヒトの3歳児と比較すると，かなり見劣りする。さらに，記録映像の声を聞くと，それら三つの語も，私たちの類推でそう聞こえる程度の発音に過ぎない。唇の運動はよく訓練されたようだが，体の中の舌の運動や，呼吸，声帯振動にまでは及ばなかったようである。この失敗が，たんに訓練方法の不備によるものなのか，それともチンパンジーの身体能力や認知能力が足らなかったことによるのかは，はっきりしない。しかし，この失敗は，話しことばの進化には，知性の発達もさることながら，身体能力の進化も重きをなしたという仮説に幸いした。

化石は，言語そのものは残さないが，骨の形を残す。ヨーロッパのネアンデルタール人の化石の形から，その舌や声道の形を復元したところ，現代人ほど多様な声（母音）は作れなかったことが示された（Lieberman & Crelin 1971; 西村 2010）。声には，個人差がある。私たちは，この個人差を補正しながら，他者の声を聞いて理解している。しかし，ネアンデルタール人の声の能力ではその補正が難しいとされ，ネアンデルタール人には言語がなかったと結論づけられた。つまり，言語は，現代人であるサピエンスの祖先で起源したとする。この研究結果には賛否両論があった。その後，ヒトの音声にかかる身体能力に着目して，化石から言語の起源を探る研究が行われてきたが，それらが示す言語の起源年代は一致しない（西村 2010）。

近年は，ヒト以外の霊長類の音声の能力について再評価が進んでいる。たとえば，先に記したベルベットモンキーと近縁なキャンベルモンキーでは，危険を知らせる声の後ろに，ある音声をつけて発することで，元の声の意味を少し変えることも知られている（Ouattara et al. 2009）。また，ヒト以外の霊長類は，舌の運動の能力は劣るが，私たちが歌うときのようにのどを大きく上下させたり，唇の形を大きく変えたりして，かつていわれていた以上に多様な音声を作ることができるともいわれている（Fitch et al. 2016; 西村 2023）。ヒトの声道の形は，多様な音声を作るためというよりも，声を素早く，柔軟に変化させるのに役立っていると考えた方がよさそうである。

•••

### 遺伝子から見た言語の進化

2000年代に入って，言語遺伝子といわれる*FOXP2*遺伝子が発見された。この遺伝子は，発話や言語発達について遺伝性の障害が見られた家系の研究で発見された。障害をもつ人には，この遺伝子に，障害をもたない人と異なるパターンがあった。この*FOXP2*遺伝子はヒトにしかないものではなく，多くの脊椎動物にもある。ヒトとチンパンジーでは，この遺伝子が作るFOXP2タンパクを構成するアミノ酸が二つしか違わない（Enard et al. 2002）。このたった二つの違いが，言語の進化に関与したのかもしれない。

*FOXP2*遺伝子は，発話にかかる運動の学習に関わっていると考えられている。ヒトのFOXP2タンパクを作るように改変されたマウスに，ものを探索させる課題を与えたところ，その行動や鳴き声が変わった（Schreiweis et al. 2014）。また，脳の組織にも変化が見られた。電気信号による情報の伝達とその処理に特化したニューロンという細胞がある。そのニューロン同士の伝達能力が高まったことで，記憶にすぐれ，学習が速まった。これらのことから，ヒトの*FOXP2*遺伝子の進化は，複雑な発話の学習能力を必要とする言語発達に関与しているとも考えられる。

さらに，ネアンデルタール人とヒトの*FOXP2*遺伝子は同じであることが分かった（Krause et al. 2007）。つまり，遺伝子から見ると，ヒトに見られる発話の学習能力は，現代人がネアンデルタール人と分かれる以前の，両者に共通する祖先の段階で進化していたと考えられる。

•••

### 言語進化の種を探す

言語とはもともと何だったのか。言語は，音楽から，もしくは音楽と共通する能力により進化したという仮説がある。言語と音楽の類似性は，古くは近代言語学の父と呼ばれたルソーや，ダーウィンの時代から現在に至るまで，よく指摘されてきた。すなわち，言語は母音や子音といった異なる声を，音楽は異なる高さや長さの音（音符に相当）を連ねて，無限の表現を創出する。音符を声に置き換えれば，形のうえでは，音楽は言語になる（ミズン 2006）。この仮説は，動物の音声コミュニケーションの研究からも支持される。たとえば，ヒト以外の霊長類では声の長さや高さの違いが重要であり，その音楽的ともいえるやり取りは，話しことばが進化する種と見えなくはない。声道や声帯の形を見ると，ヒトの話しことばは対面するくらいの距離での小さな声のやり取りから始まったと考えられる。言語発達を見れば，その典型は親と子のやり取りであっただろう。そのような場面での音声のやり取りに，言語のもともとの姿を見出せるのかもしれない。

では，言語の進化を駆り立てたものは何であったのだろう。ヒト以外の霊長類は，日中，相手を変えて毛づくろいをよくする。シラミを除去しあうというのがもともとの機能であるが，互いに親和を高めるという手段にもなっている。群れのメンバーと毛づくろいをしあうことで，安定的な関係を維持している。霊長類は，複雑な社会の中で暮らすので，群れのメンバーが増えれば，それらとの関係を安定的に維持するには，高い知性が必要になるとされる。確かに，知性に関与する脳の部位が大きい種ほど，群れのメンバーの数が多くなる傾向がある（第12章参照）。ヒトの脳は，他の霊長類と比べると格段に大きい。脳の大きさから見ると，ヒトが円滑に安定して関係を維持できるのは1人につき150人程度とされる。そのような大人数と毛づくろいを交わしていては他のことができない。言語は，毛づくろいの代用として，音声を介して効率よくメンバーとやり取りをして親和的な関係を維持するための手段として進化したという（ダンバー 2016）。親しい友人との他愛もないおしゃべりなど，次の日には何を話したのかも覚えていないような社会でのやり取りが，言語の文化進化をもたらしたのかもしれない。

今ある言語が最終的にいつ完成したかのは議論がある。遺伝子や体から見ると，言語を支える能力は，すべてがひと時にセットで現れたのではなく，人類出現以前も含めて時代を異にして現れたと考えられる。それらの能力の多くでは，現れたときに言語はない。よって，言語のために現れたとは考えられない。では，もともと何のために現れたのか。ヒトとヒト以外の霊長類とを比較する自然人類学的アプローチが，それを一つ一つ明らかにしていくのだろう。それは，言語とはもともと何だったのかを理解する取り組みでもある。

Case Study ｜ ケーススタディ 13

## ヘリウムを吸ったサル

### ヘリウム音声実験

ヒト以外の動物がどのようにして音声を出しているのかは，意外と分かっていない。それを知るには，音声を出しているときに，舌やのどがどう動いているかを観測し，その動きによって音声の種類や高さがどう変わるかを調べなくてはならない。それをヒト以外の動物で直接観測するのは，かなり難しい。しかし，ヘリウムガスを吸って出した音声を調べる方法は，比較的簡単である。

私たちがヘリウムガスを吸うと，変な声になる。ヘリウムは，通常の大気よりもかなり軽く，それで満たした風船は宙に浮く。音は，それを伝える気体が軽いほど速く伝わる。つまり，ヘリウム空間中では，音は速く進む。机をたたいてできる音は，音が速く伝わるが，その聞こえ方は変わらない。ところが，声は変わる。なぜなら，声は，声道という管の共鳴というフィルターを通じて作られるからである。共鳴の特性は音の速さによって変化するので，唇から出てくる声の聞こえ方は変わる。よって，動物にヘリウムを吸って鳴いてもらえば，ヒトと同じようにして作られた声か否かが分かる。

### ヒト以外の霊長類のヘリウム実験

テナガザルは，東南アジアの熱帯雨林で，雌雄ペアとその子とで暮らしている。高く澄んだ，大きな声で朗々と歌う「ソング」や，雌雄ペアで歌い合う「デュエット」といった独特の音声で知られる。熱帯雨林では，音は，鬱蒼と茂る木々に吸収されて，遠くまで届かない。そのような環境にあって，テナガザルの歌声は2km以上も先にまで届く。隣接するペア同士は敵対的である。視界が効かないことから，ソングやデュエットを歌うことで互いの位置を知り，偶発的な出会いを避けているという。

そのテナガザルに何とかヘリウムを吸ってもらって，そのヘリウム音声を調べたところ，テナガザルはソプラノ歌手が使う技法で，その澄んだ大きな声で歌っていることが分かった。ソプラノ歌手が，ホール全体に響き渡る，高く澄んだ，大きな声で歌い上げるシーンがある。そのとき，歌手は，私たちの普通の会話では見られないほど声帯を速く振動させて，その高い音を声道の共鳴フィルターで強調して，澄んだ大きな声を作り出している。澄んだ美しい声ではあるが，声の区別はつきにくく，何を歌っているのかは分かりにくくなる。テナガザルがそんな歌い方に特化したのは，その環境と社会のありようから，自らの声を遠くに届けることが求められたからであろう。

ヒト以外の霊長類を，人工的な環境で思ったように鳴かせるのは非常に難しい。このテナガザルの実験では，飼育している動物園の園長が鳴き真似をすると，テナガザルが鳴き返すという訓練が施されていたのが幸いした。さらに，ヘリウムガスを吸ってもらう方法にも工夫がいる。肺の中のヘリウムガスの濃度を十分に上げておかないと，出てくる声は変化しない。テナガザルにヘリウムガスのボンベを渡しても吸ってはくれない。この実験の場合は，お手製の小さなビニールハウスを作り，テナガザルと園長にその中に入ってもらって，ビニールハウス内にヘリウムガス（濃度80%，残りの20%は酸素）を注入して，その中でしばらく息をしてもらってから，鳴かせてもらった。ヒト以外の動物には言葉が通じないので，実験者はこうした工夫に頭を悩ます。

その後も，マーモセットやニホンザルでヘリウム音声実験が重ねられた。マーモセットのフィーコールと呼ばれるホイッスルのような鳴き声も，テナガザルと同じように作れられていた。ニホンザルのクーコールと呼ばれるあいさつの声もおおよそ同じであった。このような音声の作り方は，ヒト以外の霊長類では，母音や子音の区別より，声の高さや長さが，コミュニケーション上，重要な意味をもっていることを反映している。

## Active Learning　アクティブラーニング 13

Q.1

**声を録音して聴き比べてみよう**

スマホで自分や他の人の声を録音してみよう。同じ母音でも，発する人によって聞こえ方は異なる。年齢や男女といった身体的属性や，感情や歌唱，前後の声などによって，同じ母音の聞こえ方がどう変わるのかを整理してみよう。

Q.2

**動物の音声のやり取りを調べてみよう**

動物園などで，一つの動物を選んで，スマホで録画しながら，どのような状況でどのような音声を出しているかを調べてみよう。いろいろな動物の音声の聞こえ方を比較し，体の大きさなど体の特徴との関係を調べてみよう。

Q.3

**言語で表せないものをまとめて，なぜ言語化できないのか考えてみよう**

ヒトは，脳内に思い浮かぶものすべてを言語で言い表すことができているわけではない。高ぶる感情などはそのよい例である。言語化できないものを整理して，それらがなぜ言語化できないのかを考えてみよう。

Q.4

**人類が，声を出せない動物であったら，言語はどう進化したかを考えてみよう**

言語の文法的能力は，脳が大きくなることで進化するかもしれない。では，音声がなければ，言語はどのように進化したのだろうか。それとも進化しなかったのだろうか。言語能力を整理して，ディスカッションしてみよう。

第14章

# 文化

## ハードルを下げて文化を眺める

中川尚史

「文化とは何？」と尋ねられて，皆さんは何と答えるか。「祇園祭って京都の文化やん」「そんなんいうんやったら，大阪の文化はたこやきやで」「うちら今こないして使てる関西弁も文化やんな」。おそらくこんな具合に，何かローカルな習慣とか行事とかを思い浮かべる読者は多いだろうが，社会的に学習されるものであるという本質的な部分を答えられる読者は意外と少ないのではないだろうか。それはおそらくわれわれ人間は，社会にどっぷりと浸かっているから意識しないためだろう。中には友人はおろか家族ともしばらく話をしていない読者もいるかもしれないが，インターネットを通じて社会とはつながり，日本のアニメを視たりK-POPを聞いたりして文化を享受していることだろう。そう考えると群れで生活している動物なら文化があると考えるのも自然に思えてこないだろうか。しかし，人間以外の動物に言語や祭りのような文化があるようには思えない。人間の文化が他の動物の文化と異なるのは，人間の文化が累積的であるからという考え方がある。今，皆さんが勉強している自然人類学という科学も知識の集積のうえに成立しているので累積的文化の産物であり，それを本章から読み取ってほしい。

KEYWORDS　#社会的学習　#石器　#累積的文化　#文化ー遺伝子共進化

# 1｜文化の基盤

・

### 文化の定義

イギリス文化人類学の祖エドワード・B・タイラーは文化を「社会成員としての人間によって獲得された知識，信仰，芸術，道徳，法律，慣習（custom），そのほか能力や習性（habits）を含む複合的な総体」（Tylor 1871: 1）であると，人間が入り込んだ定義をしている。そんな中，日本霊長類学の祖・今西錦司は，1952年5月に出版した『人間』と題する編著書に所収した「人間性の進化」と題する論考の中で，持続的な集団生活を営む動物に「カルチュア」の存在を予言した。のちに人間以外の動物の文化の発見と称された幸島（宮崎県）のニホンザルにおけるイモ洗い行動が初めて観察された1年4ヶ月前のことである。

1953年9月，1歳半の雌（イモ）が砂浜にまかれたサツマイモを小川に浸して砂を洗い落として食べ始めた。すると1ヶ月後に遊び仲間のセムシが，4ヶ月後に母親エバとイモと同年齢のウニが同様の行動を始めた。このようにイモと親しい個体が獲得していったことから，イモ洗いは模倣によって伝播したと考えられた。その後，海水で洗うことによって塩味をつけることも始まり，1962年8月までには群れの2歳以上の個体49頭のうち36頭（73%）に広がった。当時今西らがこの現象を「文化」ではなく，「カルチュア」や「類カルチュア」，英語では「sub-culture」や「pre-culture」と呼んだのにはわけがある。彼らはサルに信仰や芸術などヒトと同じ水準の文化があると主張したいわけではなかった。むしろ文化人類学者との無用な衝突は避けるのが賢明だと考えたのである。

今西の意図は，「カルチュア」を「非遺伝的な獲得的行動」であり「見覚えたり，教わったりして身につける行動」と位置づけ，人間と動物の連続性を議論可能なものとすることであった。その後，彼の意図は国内外問わず，かつ霊長類学の枠組みを超えて浸透し，動物行動学，自然人類学，認知科学の分野でも，「集団の構成員によって共有されており，社会的学習によって伝播したその集団に典型的な行動パタン」を文化（culture）と呼ぶに至っている。なお，イモ洗いのような単一の行動変異には伝統（tradition）を用い，食物獲得と社会行動など異なる領域にわたる複数の伝統的行動をもつ場合にかぎり文化と呼ぶ研究者もいるが，本稿では採用しない（以上，中川 2015；2017）。

・

### 社会的学習

20世紀半ばに活躍したイギリスの著名な動物行動学者であり鳥類学者であったウィリアム・H・ソープは，社会的学習を次の三つに分類し定義した。

① 社会的（反応）促進：ある行動がたんに相手に同じ行動を誘発させる刺激として働くもの（伝染）。鳥類学者らしく，群れをなす鳥が誰かが飛び立つのを機にいっせいに飛び立つことを例に出している。

② 刺激（局所）強調：ある行為が相手の注意を特定の刺激（場所）にひきつけ，相手が試行錯誤を通してその刺激に対して同じ行為をするようになること。

③ 模倣：ある行為（相手にとって新奇な行為）の型を，相手が試行錯誤することなく再現すること。

文化として広く認知されるようになったイモ洗いであったが，20年以上経過してから，外国の認知科学者から，「模倣によるとするならば広まるのに時間がかかり過ぎている」との疑念の声があがった。確かに群れの2歳以上の個体のうち73%に伝播するのに約9年を要している。時間がかかった理由が，それぞれ偶然，個別に試行錯誤して獲得した行動だったからだとすれば，イモ洗いは文化とは呼べない。そこで，模倣ではなく，刺激（局所）強調による社会的学習として解釈され直すに至り，文化としての位置づけは変わらずに済んだ。つまり，他個体がイモを小川につけて洗うのを見てひきつけられ，自分でもイモを持って小川に行くところまでが社会的に学習されたというわけだ。そして，偶然イモを水中に落とし，水につけると砂が落ちることや塩味がつくことは，試行錯誤によって個体学習した，だから時間がかかった，というわけだ。

近年では，実験条件下においては昆虫などの非脊椎動物からでさえも，社会的学習の証拠が得られつつある。たとえば，ショウジョウバエの雌が眼の色が異なる雄と自由に交尾しているところを観察すると，直前に選ばれたのと同色の眼の雄と交尾したが，観察しないとその傾向はなかった（Danchin et al. 2018）。マルハナバチに，紐を引いて手繰り寄せることにより届かないところにある報酬を得るという高度な物質操作を伴うタスクを学習させた。その後，学習したハチの行動を観察したハチはそのタスクを学習したが，観察しなかったハチはできなかった（Alem et al. 2016）。

・

## 集団における習慣性と文化の傍証

たとえある行動が集団中に現れ，社会的学習により複数の個体に伝播したとしても，集団の成員によって共有されているというレベルにまで広がらなければ，それは文化とはいえない。先のイモ洗いで例えれば，イモが発明してから4ヶ月後の段階ではまだセムシ，エバ，ウニにしか伝播してはおらず，もしこの段階でサルにサツマイモを与えることをやめていれば，これ以上には伝播しようがなく，文化とはなりえなかった。文化に至るところまで伝播が確認されていないニホンザルの実例としては，屋久島（鹿児島県）の雄同士の尻つけ（半沢 2020；中川 2021）などがある（他の例は，中川 2017）。

野外調査では社会的学習による伝播を証明することが困難なため，行動に地域変異が認められ，その変異が遺伝子や環境の違いによって説明できない場合に文化の傍証とする「排除法」が重用されている（中川 2015）。チンパンジーの文化研究の一里塚とされるホワイトゥンらでもこの排除法が採用されており，集団の成員に共有された行動が文化と呼べるかどうかを判断する目安としてホワイトゥンらの定義が参考になる。「常習的（少なくとも1性年齢クラスの健常個体のすべて，あるいはほとんどが行う），習慣的な（常習的ではないが，数個体が繰り返し行う）行動がある個体群がある一方で，その同じ行動がまったくない個体群があり，そのないことが環境要因や遺伝子では説明できない場合」（Whiten et al. 1999）。

ただし排除法には，実際には文化的変異ではないのに文化的変異であるとする過誤（偽陽性）と，逆に実際には文化的変異であるのにそうでないとして切り捨てる過誤（偽陰性）が起こりうることを忘れてはならない。前者の例としては，チンパンジーの文化的行動の類似性がチンパンジー個体群の遺伝的類似性と近似するという報告や，チンパンジー個体群間の道具使用行動の生起が環境要因の違いの影響を強く受けているという報告が当たる。後者の例としては，ホワイトゥンらがどこのチンパンジーでも常習的に行うので文化と認定しなかった行動，たとえば直接口をつけては飲めない小さな木の洞に溜まった水を飲むときに，しがんでくしゃくしゃにした葉を洞に突っ込んで水を吸わせて取り出し水を飲む（葉スポンジ）という行動が相当する（中川 2015）。

## 2｜非人類の文化

### 非霊長類の文化

非人類の文化の証拠の多くは，霊長類，鯨類，鳥類を中心とした脊椎動物から得られている（Whiten 2017; Allen 2019）。鯨類と鳥類の文化の主要な領域は，歌と移動ルートである。東オーストラリア沖のザトウクジラ個体群で作られた新しい歌が，何年かかけて太平洋の東へ広がっていった。ガラパゴス諸島のマッコウクジラのコーダと呼ばれる声には二つの方言があり，異なる群れが数時間から数日一緒に行動することがあるが，それは同じ方言をもつ群れ同士に限られていることが分かった（Whitehead 2024）。鯨類以上に，鳴禽類（めいきんるい）でも多くの種に方言が存在し，社会的学習が実験的に証明されている。その数は鯨類の比ではない。さらに，それらの方言は年々変化していることも知られている。ザトウクジラとセミクジラは，低緯度の繁殖場所から遠く離れた採餌場所まで母親に追随して移動することが観察され，その移動ルートは母親から娘へと代々引き継がれている。ノガンが繁殖地から越冬地へ移動するルートについても，同様のことが知られている。

採食技術の発明と伝播についてもそれぞれの例をあげておく。オーストラリアのシャーク湾のハンドウイルカでは，雌のたった11%だけが海綿動物を口先に載せて運び（スポンジャー），おそらくは海底に住む魚を探索するのに道具として使用していると考えられている。彼らのグルーピングは一時的で離合集散性の高い社会を形成しているが，性・場所・母系血縁を制御してもスポンジャー同士はよくグルーピングしていることが分かった。アメリカ北東部ニューイングランドのザトウクジラでは，尾鰭で海面を叩いてできた気泡で餌となる魚を囲って獲る採餌技術が見られるが，27年間で数百個体に広がった。オーストラリアのシドニーではオウムの一種がゴミ箱の蓋を開けてゴミを漁る行動が見られるが，2018年以前は3地区でしか見られなかったのが2019年後半には44地区に広がった（Klump et al. 2021）。

動物の文化的行動の最も優雅な実証例といわれる一つは，実は魚類から得られている。鳥類や哺乳類では実行できない，個体や群れの除去を取り入れた研究である。イサキ科の幼魚の群れをいったんすべて捕まえてしまったあと実験的に新しい群れを放すと，これまでとはまったく別のルートで移動した。ところが，群れの中に新しい幼魚を加え，その2日後にもとから群れにいた幼魚を除去しても，これまでの移動ルートが維持された（中川 2015）。

••

### サルの文化

ニホンザルにおいては，イモ洗い以外にも，同じ幸島で同時期に小麦洗いや海水浴，少し後に魚食が，嵐山（京都府）では石を使った一人遊び（石遊び）が，地獄谷（長野県）では温泉浴などの文化が知られている。特に石遊びは，伝播のプロセスやパタンの地域変異など広範かつ厳密に文化的であることが証明されている（中川 2017）。これらは地域変異を調べている石遊びを含めすべて餌付け群での文化であるが，抱擁行動が金華山島（宮城県）で初めて，次いで屋久島で，いずれも野生群で見つかり，かつ両個体群で行動パタンが異なることから狭鼻猿で初の社会行動の文化（社会的慣習）として知られるに至った。他方，狭鼻猿初の道具使用文化が，タイの小島のカニクイザル2群で見つかった。牡蠣や巻貝，二枚貝に加えてガザミを，小さな石をハンマーにして，ときに大きな岩を台石として殻を叩き割って食べる行動が習慣的に見られていた（中川 2015）。その後，別の小島でも見つかり，これら2個体群で少なくとも56食物種でその特質に応じたさまざまな技術が用いられ，オトナとワカモノの76〜88%が用いることが分かってきた（Tan et al. 2018）。

これらの例より先立ってサルの社会行動の文化として知られていたのは，広鼻猿のシロガオオマキザルの例である。一方の個体が他個体の手や足を自身の顔に被せ，目を閉じて1分以上にわたって繰り返し深く息を吹きかける「手の匂いかぎ」。一方が他方の口に指を入れ，入れられた個体は指を傷つけず，しかし抜けにくい程度に噛み，他方は抜こうとしうまく抜ければ役割交代する「指口入れゲーム」など。地域，あるいは群れによって生起頻度が大きく異なり，さらには同じ群れでも流行りすたりがある（中川 2015）。他方，ブラジルのフェゼンダ・ボア・ヴィスタ（FBV）のフサオマキザルにおいて前述のカニクイザルに先立ちサルで初めての習慣的な道具使用が発見された。岩の上に置いた硬いヤシの種子を平均1kgもする石で叩き割って胚乳を取り出して食べるハンマー使用である。その後，近隣の3地域で調査が進み，FBVではハンマーを使わずに食べるマンゴーの種子や豆，刺のあるサボテンを，別の地域ではハンマーを使って食べることなどが分かってきた（Falotico et al. 2018）。また，ジェフロイクモザルでは，ホワイトゥンらに倣って5個体群の集約がなされ，22種類の文化的行動が見つかった。道具使用がないこともあるが食物関連文化は7種類（32%）と少なく，個体が出会ったときの「キス」や，樹冠の切れ目をアカンボウが渡れないときに母親が自らの体を「橋」代わりにするなどの社会行動の文化が9種類（41%）と高い割合を占めた（中川 2015）。

・・

### 類人猿の文化

ホワイトゥンらがチンパンジーの文化的行動として取り上げた39の行動のうち16は，シロアリ釣り，ナッツ割りなど食物獲得のための道具使用行動であった。さらに，葉や石を使ったディスプレイなども含めて何らかの物体操作を伴う行動は37に達した。物体操作を伴わない社会的慣習と呼べるのは，大雨の最中に行うディスプレイであるレインダンスと，対面して互いに片腕を上げて頭上で組み，もう片方の手で相手を毛づくろいする対角毛づくろいのみであった（チンパンジーの文化的行動については，中村（2009）を参照）。ホワイトゥンらに倣った解析がまずオランウータン6個体群で行われ，19の文化的行動が抽出された。しかしこの6個体群には2種が含まれるので，うち三つは種間差つまり遺伝的な違いとも考えられるため除去すると16行動となった。ハチミツを掘り出すための棒の使用などの食物獲得のための道具使用，ナプキン代わりの葉の使用といった身づくろいのための道具使用，社会行動であっても音声を拡大するために口に葉を添えるなど，すべてが物質文化とくくることのできる行動であった（中川 2015）。ゴリラでも2種5個体群で同様の分析が行われ，種間差の可能性を排除すると12の文化的行動が抽出された。その内訳は鏡を見るかのごとく水面の反射を見るような環境利用行動5，手で頭を叩くなどのジェスチャー3，シルバーバックとの遊びなど社会行動3であり，食物獲得行動や道具使用行動は一つもなかった（Robbins et al. 2016）。

環境要因や遺伝子の影響を排除して比較するには，同一個体群内の群間比較が有効である。ギニアビサウのカンタンヘツではチンパンジー4群を対象に1089kmの痕跡調査とカメラトラップ56台からの4197のビデオ映像解析から18の文化的行動が抽出された（Bessa et al. 2022）。他方，求愛ディスプレイで使用する葉のちぎり方（Badihi et al. 2023）と，シロアリ釣りで使用する道具の素材と加工法（Pascual-Garrido 2019）に，2群間で異なる行動が見られた。

タンザニアのマハレでは，片方の群れでしか見られなかった掌同士を合わせて行う対角毛づくろいの型が，隣接するもう一方の群れに1頭の雌が移籍することで，その雌と対角毛づくろいを行う個体に伝播した（Nakamura & Uehara 2004）。群内の伝播については，木の葉でなく苔をスポンジに使う道具使用行動（Hobaiter et al. 2014）や社会的慣習である対角毛づくろい（van Leeuwen & Hoppitt 2023）で明らかになっている。

## 3｜人類の文化

### ホモ・サピエンス以前の人類の文化——前期旧石器時代

化石人類の文化を推察するには，歯や骨などの化石が加工された痕跡や石，土，木，角，貝殻などで作られた遺物に頼らざるをえない。中でも古い時代になればなるほど残りやすい石こそが頼りであり，石器の形状や大きさから推察されるその製作技法により時代区分がなされている。

現在知られている最古の石器は，ケニアのトゥルカナ湖西岸で見つかった330万年前のものでロメクウィアン石器（文化）と名づけられた。最大15kgもあり，おそらくはそれを台石に使用し原石を手で持って叩きつけるか，台石に置いてさらに別の石を上からぶつけて剥片を作ったと考えられている。製作者はおそらくアウストラロピテクス・アファレンシス（猿人）である（Harmand et al. 2015）。

このロメクウィアン石器が発見されるまで最古とされてきたのは1964年タンザニアのオルドバイ渓谷で見つかった180万年前のオルドワン石器（文化）である。別の石で小さな原石を叩いて剥片を作り，動物の解体に使ったと考えられている。この最初に発見された石器の製作者はホモ・ハビリスであったが，その後エチオピア・ゴナで発見されたのは260万〜250万年前のものなので，ホモ属以前の人類が製作者である可能性が高い（Semaw et al. 1997）。

ホモ・ハビリスから進化したホモ・エレクトス（原人）が製作者であるアシューリアン石器が，最古のものではエチオピア・コンソで175万年前の地層から見つかっている。何度も剥片を割りとることを繰り返し左右対称で長いエッジをもつ涙滴型の握り斧の打製石器である。ヨーロッパへ進出した40万〜20万年前のホモ・ハイデルベルゲンシス（旧人）の製作した握り斧では精緻化や対称性の増加が見られ，後期アシューリアン石器としてホモ・エレクトスの前期石器と区別する考え方もあるが（松本 2013），その間精緻化や対称性の増加を示す長期的な傾向が見られるか否かはまだ論争中である（McNabb & Cole 2015）。一方で，40万〜20万年前には握り斧を製作する際にできた鋭利な剥片の方を使用するルヴァロア技法が生み出されている（Adler et al. 2014）。

・・・

### 初期ホモ・サピエンスの文化――中期旧石器時代

20万年前にアフリカでホモ・サピエンス（新人）が誕生する。ホモ・サピエンスも10万年前まではアシューリアン石器を使用していたようだが（McNabb & Cole 2015），その後，ルヴァロア技法で製作された剥片石器に加え，ムスティエ型尖頭器と呼ばれる石器を二次加工して三角にした石器をおそらく槍先等として用いたようだ。このムスティエ文化が，ヨーロッパの中期旧石器時代に栄えた文化となる。また，イスラエルのカフゼーとスフールの10万年前の墓から，副葬品と目される貝殻製ビーズという最古の埋葬，つまり死者を敬うという儀礼の証拠が見つかった。また，南アフリカのブロンボス洞窟の7万5000年前の地層から，天然顔料の塊に刻まれた幾何学模様や，貝殻製ビーズで作られたおそらくネックレスが発見され，文化が多様化している傾向が窺える。抽象的なシンボルに意味をもたせる能力が言語には必須であることを考えると，上述のシンボル使用の証拠の意義は大きい（海部 2005）。

・・・

### 現代型ホモ・サピエンスの文化――後期旧石器時代以降

文化が著しく多様化するのは，4万年前以降の後期旧石器時代である。石の側面を次々に叩いては剥離する石刃（せきじん）技法で作られた剥片石器で，片側を刃つぶしすればナイフ，一端を尖らせれば尖頭器など，用途に応じた多様な石器に仕上げられる。石のみならず骨や角などの多様な素材の道具も増加した。動物や女性を描いた最古の壁画，非写実的な女性像や半人半獣像が見つかっているのもこの時代である。7万年前以降，形態上では現代人と区別がつかないホモ・サピエンスを現代型ホモ・サピエンスと呼ぶが，彼らが6万年前，ホモ・サピエンスとしては初めてアフリカを出て，5万〜4万年前にはヨーロッパへ，東南アジア経由でオーストラリアへ，さらには東アジア経由で当時陸続きだったベーリング海峡を越え北アメリカへ，そして1万3000年前には南アメリカの突端まで拡散した時代である。そのため必然的に，文化の地理的多様性は高まった（海部 2005）。

1万2000年前には，文化的産物である生業形態の大転換，つまり狩猟採集から農耕，牧畜が西南アジアを皮切りに各地で始まって，さらに文化が多様となる。栽培植物種，飼育動物種の拡大はもとより，石器も打製石器から穀物をすりつぶす磨製石器が製作され，新石器時代に突入した。農耕，牧畜は集落での定住生活をもたらし，かまどが作られ複雑な火の使用法や意図的な墓地への埋葬，本格的な祭祀，儀礼が現れるなどの変化が生じた（松本 2013）。

・・・

### ホモ・サピエンスに文化的多様性をもたらしたもの

前節で述べたとおり，文化はさまざまな動物でも認められ人類固有なものではないが，人類の中でもホモ・サピエンス以降，文化が多様化，高度化していることが分かる。その理由は，ホモ・サピエンスの文化が累積的である点が指摘されている（Boyd & Richerson 1988）。ホモ・サピエンスの社会的学習は，新たに生み出された知識や技術を少しずつ改良して，「確実かつ忠実に」次の世代に継承できるので，文化が蓄積される点が特異なのだという。アメリカの認知心理学者マイケル・トマセロは，この文化の累積的特徴を，歯止めのついた爪がついた歯車（ratchet）が逆回転しないで一段ずつ一方向に進んでいくかのようだとして，「ラチェット効果」と呼んだ（Tomasello et al. 1993）。そして，「確実かつ忠実」に継承できる社会的学習は，模倣であり，教示行動であるとした。真の模倣は，サルはもとよりチンパンジーでも稀だと考えられており，チンパンジーが可能なのは目的を模倣することであって，方法は試行錯誤による個体学習だという（目的模倣：emulation）（明和 2004）。ナッツ割りを例にとれば，ナッツの殻の中の胚乳を食べるという目的は模倣するが，石で叩いて割るというその方法は試行錯誤であるので，「確実かつ忠実」性の面では劣るだろう。伝達の忠実度を高めるような教示行動も，ヒト以外の動物ではほとんどない（レイランド 2023）。

しかしながら，累積的であるだけでは説明できないのが，象徴的な人工物，行為の文化の多様化である。象徴的な認知能力が備わったおかげで，思考や感情を表現するために壁画を描き彫像を作り，装飾品を用いて埋葬を行うようになったと考えられる。この能力は音声言語（第13章参照）と連関し，さらには文字言語の発明につながり，累積的文化の駆動力となっていったのだろう。

最後に，概念として知っておいてほしい〈文化－遺伝子共進化〉について触れておく。唾液アミラーゼは唾液腺から分泌されてでんぷんを分解する酵素だが，農耕民は多くの狩猟採集民や牧畜民に比してでんぷん分解能の高い変異遺伝子を多くもっている。他方，牧畜民は，離乳期を過ぎても乳糖を分解する酵素であるラクターゼを産生する変異遺伝子をもっている。これらは農業，牧畜という新しい文化が，特定の機能遺伝子を選択するという進化を引き起こした有名な例である（ヘンリック 2021）。これらの遺伝子を獲得したホモ・サピエンスが農業と牧畜をそれぞれ広めたとすれば，文化と遺伝子の間で共進化が起きたといえ，農具や酪農具の多様化には寄与したかもしれない。

Case Study　ケーススタディ 14

# 野外研究における証明の難しさ
## ニホンザル母系群でのクルミ食の群間伝播

野生霊長類において人為的な介入なしに文化的行動が群間伝播した確かな証拠はなく，雌が移出する群れを形成するチンパンジーにおいて，オオアリ釣りの伝播の可能性が指摘されているのみである（O' Malley et al. 2012）。

私が金華山島のニホンザルＡ群を対象に集中的に調査をしていた1984年11月からの1年半を中心に，1992年8月までの間の169日間，1496時間23分6秒のデータをとり756時間47分4秒の採食行動を記録した。しかし，オニグルミ（以下，クルミ）の種子採食は1秒たりとも記録されなかった（中川 1997）。当時，ほかにいた4群を含め金華山島のサルは誰もクルミの種子を食べなかったのである。その間徐々に，私はいったん金華山島での調査を離れるようになるのだが，1991年5月に$B_1$群の周辺にいたワカ雄が，6月には$B_1$群のオトナ雌が，発芽して割れやすくなった種子の殻を割り，中の子葉を食べるのが観察されたという（伊沢 2018）。秋に硬い殻を割っての子葉食が初めて観察されたのは，1998年11月，$B_1$群のオトナ雌においてである。殻が縫合線に沿って割れて叶ったらしい。そして翌1999年10〜11月にはＤ群，雄グループ，ハナレ雄合わせてオトナ雄12頭，ワカ雄1頭，オトナ雌2頭で観察された。同年にはＣ群から分裂したばかりの$C_2$群とＡ群を除く4群の行動圏にあるクルミが集中的に生えている場所で食痕が多数見つかった。この2群で見られなかったのは，$C_2$群とＡ群の行動圏にはクルミの木が少ないためと考えられた（伊沢 2002；2004）。

前述の1999年秋に見られたクルミ子葉食の性年齢構成を見ると，オトナ雄が圧倒的に多いことが分かる。また，11頭の雄グループの観察でも8頭のオトナは全員が割って食べることができたが，3頭のワカモノは1頭しか割れなかった（宇野 2008）。2015〜2016年に$B_1$群でクルミ割り採食技術を詳細に調べた田村大也（Tamura 2020）によれば，やはりオトナ雄は6頭全頭が割れるのに対しオトナ・ワカモノ雌合計17頭のうち割れるのは11頭のみであった。さらに興味深いのは，オトナ雄はクルミを左右どちらかの臼歯に入れ力任せで噛み砕く「粉砕型」であったのに対し，オトナ雌は1頭を除き縫合線をうまく活用する技術を使って割る「半分型」あるいは「片半分型」を示した。私は2007年10月15日に$B_1$群で，クルミ種子の殻を割り始めてから子葉を食べ始めるまでの時間をオトナ雌雄各1頭で試しに計測したことがある。オトナ雄では4回このプロセスを繰り返し，それぞれ20秒，30秒，16秒，38秒であったのに対し，オトナ雌では1回で2分23秒を要していた。

私自身その後確認したＡ群への伝播は，クルミ割りをする他群にいたオトナ雄がＡ群に移入して起こったという仮説をもっていた。これまで示されている観察事実でこの仮説をどれだけ証明できているだろうか。クルミ割りは，雄，特にオトナ雄には比較的容易で，それは力さえあれば技術習得は不要だからであり，実際に実践できている個体は多い。発芽して割れやすくなった種子ではあったがＡ群でオトナ雌の子葉食が初めて観察されたのは2001年春で，出自のワカ雄1頭とオトナ雌2頭で観察された（伊沢 2018）。2001年3月下旬には2007年秋の私の調査で第1位雄になっていたブリが移入している（杉浦 私信）。時期は一致するが，硬い殻を割ったわけではない。ブリの移入後に硬い殻を割っての子葉食が容易なオトナ雄が開始したという観察もない。$B_1$群がそうであったようにＡ群でもオトナ雌はまずは割りやすい春に子葉を食べることで子葉が食物となりうることを個体学習して習得した可能性が高いように見える。

そもそも非ヒト霊長類では方法を模倣するのは難しいといわれている（220-221頁参照）。雌に至っては雄の「粉砕型」は力がないので真似られない。よって，もし私の仮説が正しい可能性が残っていたとしても，食べているオトナ雄を見てクルミにひきつけられるところだけを学習した局所強調により伝播したと考えるのが妥当であろう。

## Active Learning　アクティブラーニング 14

**Q.1**

**文化が社会的学習により伝播していることを納得できる材料を集めてみよう**

人口の高齢化，若者の娯楽の多様化などによって地域の祭りの維持が困難になっているというニュースを耳にしたことがあると思う。あなたにとって身近なお祭りが，どのように世代を超えて継承されているか調べてみよう。

**Q.2**

**模倣，さらには教示の効果を，体験できる実験を考えてみよう**

ヒトのクルミ割りを例に考えてみよう。調べるのは社会的学習の効果であるから効果は時間で測定することにし，対照実験は試行錯誤で殻を割ることである。ただし，サルのように歯だけで割るのは無謀なので何らかの道具を使おう。

**Q.3**

**累積的文化の意味を，理解できているかを確認してみよう**

皆さんが勉強している自然人類学という科学も知識の集積のうえに成立しているので累積的文化の産物である。本章の中から，そのことが分かる箇所を抜き出してみよう。

**Q.4**

**累積的文化の効果を，体験できる実験を考えてみよう**

Q.2と同様，ヒトのクルミ割りを例に考えてみよう。調べるのは累積的文化の効果であるから効果はやはり時間で測定することにし，対照実験はQ.2の実験で行った社会的学習で殻を割ることである。

# 参考文献

ここには，さらに詳しく知りたい方のための参考文献を掲載した。各章の執筆者には，日本語で読める解説書や総説，特に重要な文献のピックアップをお願いしたため，網羅的な引用文献リストではない。ただし，適当な解説書や総説がないテーマもあり，結果として英語の原著論文を多数参照することになった章もある。章ごとの文献数の多寡が目立つことになったが，それぞれの章にとって必要な文献であると考え，そのまま掲載した。　（編者）

## ■序章


カント　1952『人間学』坂田徳男訳，岩波文庫。

河野礼子監修　2015『人類の進化大研究』PHP研究所。

酒井直樹・西谷修　1999『増補〈世界史〉の解体――翻訳・主体・歴史』以文社。

中村美知夫　2015『「サル学」の系譜――人とチンパンジーの50年』中公叢書。

西田利貞・上原重男編　1999『霊長類学を学ぶ人のために』世界思想社。

西村剛　2023「霊長類の分類」日本霊長類学会編『霊長類学の百科事典』丸善出版，52-53頁。

ボイド，R & シルク，J・B　2009『ヒトはどのように進化してきたか』松本晶子・小田亮監訳，ミネルヴァ書房。

リーキー，R　1996『ヒトはいつから人間になったか』馬場悠男訳，草思社。

ロバーツ，A　2016『人類20万年遥かなる旅路』野中香方子訳，文春文庫。

Tattersall, I. 2009. *The Fossil Trail*, 2nd ed. Oxford: Oxford University Press.


## ■第1章


岩本光雄　1989「サルの分類名（その7　総説とメガネザル）」『霊長類研究』5：75-80。

大塚柳太郎　2015『ヒトはこうして増えてきた』新潮選書。

河村正二　2017「眼の起源と脊椎動物の色覚進化」『日本視能訓練士協会誌』46：1-26。

グリビン，J　2018「人類という奇跡」『日経サイエンス』2018年12月号：94-99。

田近英一　2022「地球史における大気酸素濃度の変遷と生物進化」『Medical Gases』24：1-6。

丸山茂徳・戎崎俊一・金井昭夫・黒川顕　2022『冥王代生命学』朝倉書店。

宮本英昭・橘省吾・平田成・杉田精司編　2008『惑星地質学』東京大学出版会。

Bar-On, Y. M., et al. 2018. The biomass distribution on Earth. *Proceedings of the National Academy of Science*, 115: 6506-6511.

Fleagle, J. G. 2013. *Primate Adaptation & Evolution*, 3rd ed. San Diego: Academic Press.

■第3章

片山一道　2015『骨が語る日本人の歴史』筑摩書房。

日下宗一郎　2018『古人骨を測る——同位体人類学序説』京都大学学術出版会。

近藤修　2018「頭骨形態からみた縄文人の地域性」『国立歴史民俗博物館研究報告』208：249-267。

篠田謙一　2022『人類の起源』中公新書。

鈴木尚　1983『骨から見た日本人のルーツ』岩波書店。

中橋孝博　2005『日本人の起源——古人骨からルーツを探る』講談社。

埴原和郎　1994「二重構造モデル——日本人集団の形成に関わる一仮説」『Anthropological Science』102：455-477。

馬場悠男　1995「モンゴロイドの原像——人類化石から」赤澤威編『モンゴロイドの地球 1　アフリカからの旅立ち』東京大学出版会，79-117頁。

藤田尚　2012「齲蝕」藤田尚編『古病理学辞典』同成社，149-162頁。

松村博文　2002「歯が語る日本人のルーツ」『日本人はるかな旅 5　そして日本人が生まれた』日本放送出版協会，136-153頁。

山岡拓也　2023「日本列島への初期現生人類の移入と定着」春成秀爾編『何が歴史を動かしたのか 1　自然史と旧石器・縄文考古学』雄山閣，111-122頁。

山崎真治　2015『島に生きた旧石器人——沖縄の洞窟遺跡と人骨化石』新泉社。

Baba, H. & Narasaki, S. 1991. Minatogawa Man, the oldest type of modern *Homo sapiens* in East Asia. *The Quaternary Research* 30: 221-230.

■第4章

後藤仁敏他編　2014『歯の比較解剖学』医歯薬出版。

藤田恒太郎　1995『歯の解剖学』金原出版。

Bailey, S. E., et al. 2019. Rare dental trait provides morphological evidence of archaic introgression in Asian fossil record. *Proceedings of the National Academy of Sciences* 116: 14806-14807.

Evans, A. R., et al. 2016. A simple rule governs the evolution and development of hominin tooth size. *Nature* 530: 477-480.

Hlusko, L. J., et al. 2018. Environmental selection during the last ice age on the mother-to-infant transmission of vitamin D and fatty acids through breast milk. *Proceedings of the National Academy of Sciences* 115: 4426-4432.

Kavanagh, K. D., et al. 2007. Predicting evolutionary patterns of mammalian teeth from development. *Nature* 449: 427-432.

Martinón-Torres, M., et al. 2007. Dental evidence on the hominin dispersals during the Pleistocene. *Proceedings of the National Academy of Sciences* 104: 13279-13282.

Polly, P. D. 2007. Evolutionary biology: Development with a bite. *Nature* 449: 413-415.

Suwa, G., et al. 2009. Paleobiological implications of the *Ardipithecus ramidus* dentition. *Science* 326: 69-69, 94-99.

Yamanaka, A. 2022. Evolution and development of the mammalian multicuspid teeth. *Journal of Oral Biosciences* 64: 165-175.

## ■第5章

アンガー，P・S　2020「歯が語る人類祖先の食生活」篠田謙一編『別冊日経サイエンス242　人間らしさの起源——社会性，知性，技術の進化史』日経サイエンス社，26-34頁。

海部陽介編　2005『人類がたどってきた道——"文化の多様化"の起源を探る』NHKブックス。

バーン，R・W　2018『洞察の起源——動物からヒトへ，状況を理解し他者を読む心の進化』小山高正・田淵朋香・小山久美子訳，新曜社。

山越言　2001「霊長類における採食技術の進化」西田利貞編『ホミニゼーション』京都大学学術出版会，223-253頁。

ランガム，R　2010『火の賜物——ヒトは料理で進化した』依田卓巳訳，NTT出版。

Beck, B. B. 1980. *Animal Tool Behavior: The Use and Manufacture of Tools by Animals*. New York: Garland STPM Press.

Cashmore, L., et al. 2008. The evolution of handedness in humans and great apes: A review and current issues. *Journal of Anthropological Sciences* 86: 7-35.

Gibson, K. R. 1986. Cognition, brain size and the extraction of embedded food resources. In J. G. Else & P. C. Lee (eds.), *Primate Ontogeny, Cognition and Social Behavior*. Cambridge: Cambridge University Press, pp. 93-104.

Parker, S. T. 2015. Re-evaluating the extractive foraging hypothesis. *New Ideas in Psychology* 37: 1-12.

Parker, S. T. & Gibson, K. R. 1977. Object manipulation, tool use and sensorimotor intelligence as feeding adaptations in *Cebus* monkeys and great apes. *Journal of Human Evolution* 6: 623-641.

Proffitt, T., et al. 2016. Wild monkeys flake stone tools. *Nature* 539: 85-88.

Shumaker, R. W., et al. 2011. *Animal Tool Behavior: The Use and Manufacture of Tools by Animals*. Baltimore: John Hopkins University Press.

Takenaka, M., et al. 2022. Behavior of snow monkeys hunting fish to survive winter. *Scientific Reports* 12: 20324.

Tamura, M. 2020. Extractive foraging on hard-shelled walnuts and variation of feeding techniques in wild Japanese macaques (*Macaca fuscata*). *American Journal of Primatology* 82: e23130.

Tamura, M. & Akomo-Okoue, E. F. 2021. Hand preference in unimanual and bimanual coordinated tasks in wild western lowland gorillas (*Gorilla gorilla gorilla*) feeding on African ginger (Zingiberaceae). *American Journal of Physical Anthropology* 175: 531-545.

Yamakoshi, G. 2004. Evolution of complex feeding techniques in primates: Is this the origin of great ape intelligence? In A. E. Russon & D. R. Begun (eds.), *The Evolution of Thought: Evolutionary Origins of Great Ape Intelligence*. New York: Cambridge University Press, pp. 140-171.

■第6章

五百部裕　1993「肉と獣――ボノボ，チンパンジー，そしてヒトの狩猟対象のイメージ」『アフリカ研究』42：61-68。

五百部裕　2018「肉食行動の進化――ヒト以外の霊長類の肉食と比較して」野林厚志編『肉食行為の研究』平凡社，129-154頁。

保坂和彦　2002「狩猟・肉食行動」西田利貞・上原重男・川中健二編『マハレのチンパンジー――《パンスロポロジー》の37年』京都大学学術出版会，219-244頁。

リーバーマン，D・E　2015『人体600万年史（上）――科学が明かす進化・健康・疾病』塩原通緒訳，早川書房。

Bickerton, D., and Szathmáry, E. 2011. Confrontational scavenging as a possible source for language and cooperation. *BMC Evolutionary Biology* 11: 261.

Boesch, C. & Boesch, H. 1989. Hunting behavior of wild chimpanzees in the Taï National Park. *American Journal of Physical Anthropology* 78: 547-573.

Bunn, H. T. & Gurtov, A. N. 2014. Prey mortality profiles indicate that Early Pleistocene *Homo* at Olduvai was an ambush predator. *Quaternary International* 322-323: 44-53.

Gilby, I. C., et al. 2015. 'Impact hunters' catalyse cooperative hunting in two wild chimpanzee communities. *Philosophical Transactions of the Royal Society B* 370: 20150005.

Hosaka, K. 2015. Hunting and food sharing. In M. Nakamura, et al. (eds.), *Mahale Chimpanzees: 50 Years of Research*. Cambridge, UK: Cambridge University Press, pp. 274-290.

Isaac, G. L. 1978. The food-sharing behavior of protohuman hominids. *Scientific American* 238: 90-108.

Klein, H., et al. 2021. Hunting of mammals by central chimpanzees (*Pan troglodytes troglodytes*) in the Loango National Park, Gabon. *Primates* 62: 267-278.

Matsumoto-Oda, A. & Collins, A. D. 2016. Two newly observed cases of fish-eating in anubis baboons. *Letters on Evolutionary Behavioral Science* 7: 5-9.

Nakamura, M., et al. 2019. Wild chimpanzees deprived a leopard of its kill: Implications for the origin of hominin confrontational scavenging. *Journal of Human Evolution* 131:

129-138.

Pika, S., et al. 2019. Wild chimpanzees (*Pan troglodytes troglodytes*) exploit tortoises (*Kinixys erosa*) via percussive technology. *Scientific Reports* 9: 7661.

Rothman, J. M., et al. 2014. Nutritional contributions of insects to primate diets: Implications for primate evolution. *Journal of Human Evolution* 71: 59-69.

Shipman, P. 1986. Scavenging or hunting in early hominids: Theoretical framework and tests. *American Anthropologist* 88: 27-43.

Tennie, C., et al. 2009. The meat-scrap hypothesis: Small quantities of meat may promote cooperative hunting in wild chimpanzees (*Pan troglodytes*). *Behavioral Ecology and Sociobiology* 63: 421-431.

Toda, Y., et al. 2021. Evolution of the primate glutamate taste sensor from a nucleotide sensor. *Current Biology* 31: 4641-4649. e5.

Watts, D. P. 2020. Meat eating by nonhuman primates: A review and synthesis. *Journal of Human Evolution* 149: 102882.

■第7章

Abitbol, M. M. 1993. Adjustment of the fetal head and adult pelvis in modern humans. *Human Evolution* 8: 167-185.

Ami, O., et al. 2019. Three-dimensional magnetic resonance imaging of fetal head molding and brain shape changes during the second stage of labor. *PLOS One* 14: e0215721.

Beischer, N. A. 1986. *Obstetrics and the Newborn: An Illustrated Textbook*. Sydney: Saunders.

Berge, C. & Goularas, D. 2010. A new reconstruction of Sts 14 pelvis (*Australopithecus africanus*) from computed tomography and three-dimensional modeling techniques. *Journal of Human Evolution* 58: 262-272.

Borell, U. & Fernström, I. 1957. Shape and course of the birth canal a radiographic study in the human. *Acta Obstetricia et Gynecologica Scandinavica* 36: 166-178.

Cofran, Z. & DeSilva, J. M. 2015. A neonatal perspective on *Homo erectus* brain growth. *Journal of Human Evolution* 81: 41-47.

DeSilva, J. M. & Lesnik, J. 2006. Chimpanzee neonatal brain size: Implications for brain growth in *Homo erectus*. *Journal of Human Evolution* 51: 207-212.

DeSilva, J. M., et al. 2017. Neonatal shoulder width suggests a semirotational, oblique birth mechanism in *Australopithecus afarensis*. *The Anatomical Record* 300: 890-899.

Fischer, B. & Mitteroecker, P. 2015. Covariation between human pelvis shape, stature, and head size alleviates the obstetric dilemma. *Proceedings of the National Academy of Sciences* 112: 5655-5660.

Gilmore, J. H., et al. 2010. Genetic and environmental contributions to neonatal brain structure: A twin study. *Human Brain Mapping* 31: 1174-1182.

Gruss, L. T. & Schmitt, D. 2015. The evolution of the human pelvis: Changing adaptations to bipedalism, obstetrics and thermoregulation. *Philosophical Transactions of the Royal Society B: Biological Sciences* 370: 20140063.

Haeusler, M., et al. 2021. The obstetrical dilemma hypothesis: There's life in the old dog yet. *Biological Reviews* 96: 2031-2057.

Halley, A. C. 2017. Minimal variation in eutherian brain growth rates during fetal neurogenesis. *Proceedings of the Royal Society B: Biological Sciences* 284: 20170219.

Hartman, C. G. & Straus, W. L. 1939. Relaxation of the pelvic ligaments in pregnant monkeys. *American Journal of Obstetrics and Gynecology* 37: 498-500.

Hirata, S., et al. 2011. Mechanism of birth in chimpanzees: Humans are not unique among primates. *Biology Letters* 7: 686-688.

Hisaw, F. L. 1924. The absorption of the pubic symphysis of the pocket gopher, Geomys bursarius (Shaw). *The American Naturalist* 58: 93-96.

Huffman, J. B. & Beck, A. C. 2024. "Birth". *Encyclopedia Britanica*. https://www.britannica.com/science/birth (Accessed 24 September 2024)

Huseynov, A., et al. 2016. Developmental evidence for obstetric adaptation of the human female pelvis. *Proceedings of the National Academy of Sciences* 113: 5227-5232.

Jolly, A. 2008. Hour of birth in primates and man. *Folia Primatologica* 18: 108-121.

Karn, M. N. & Penrose, L. S. 1951. Birth weight and gestation time in relation to maternal age, parity and infant survival. *Annals of Eugenics* 16: 147-164.

Kawada, M., et al. 2020. Covariation of fetal skull and maternal pelvis during the perinatal period in rhesus macaques and evolution of childbirth in primates. *Proceedings of the National Academy of Sciences* 117: 21251-21257.

Kawada, M., et al. 2022. Human shoulder development is adapted to obstetrical constraints. *Proceedings of the National Academy of Sciences* 119: e2114935119.

Kibii, J. M., et al. 2011. A partial pelvis of *Australopithecus sediba*. *Science* 333: 1407-1411.

Leigh, S. R. 2012. Brain size growth and life history in human evolution. *Evolutionary Biology* 39: 587-599.

Leutenegger, W. 1974. Functional aspects of pelvic morphology in simian primates. *Journal of Human Evolution* 3: 207-222.

Lovejoy, C. O. 2005. The natural history of human gait and posture: Part 1. Spine and pelvis. *Gait & Posture* 21: 95-112.

Mitteroecker, P., et al. 2016. Cliff-edge model of obstetric selection in humans. *Proceedings of the National Academy of Sciences* 113: 14680-14685.

Moffett, E. A. 2017. Dimorphism in the size and shape of the birth canal across anthropoid primates. *The Anatomical Record* 300: 870-889.

Montagu, A. 1961. Neonatal and infant immaturity in man. *JAMA* 178: 56-57.

Morimoto, N., et al. 2023. Pelvic shape change in adult Japanese macaques and implications for childbirth at old age. *Proceedings of the National Academy of Sciences* 120: e2300714120.

Neubauer, S. & Hublin, J. -J. 2012. The evolution of human brain development. *Evolutionary Biology* 39: 568-586.

Nissen, H. W. & Yerkes, R. M. 1943. Reproduction in the chimpanzee: Report on forty-nine births. *The Anatomical Record* 86: 567-578.

O'Connell, C. A. & DeSilva, J. M. 2013. Mojokerto revisited: Evidence for an intermediate pattern of brain growth in *Homo erectus*. *Journal of Human Evolution* 65: 156-161.

Ohlsén, H. 1973. Moulding of the pelvis during labour. *Acta Radiologica Diagnosis* 14: 417-434.

Oxorn-Foote, O. H. 1986. *Human Labor and Birth*. Connecticut: Appleton-Century-Crofts.

Portmann, A. 1941. Gestation lengths of primates and duration of pregnancy in man: A problem of comparative biology. *Revue Suisse de Zoologie* 48: 511-518.

Ronchetti, I., et al. 2008. Physical characteristics of women with severe pelvic girdle pain after pregnancy: A descriptive cohort study. *Spine* 33: E145-E151.

Sakai, T., et al. 2012. Fetal brain development in chimpanzees versus humans. *Current Biology* 22: R791-R792.

Schultz, A. H. 1949. Sex differences in the pelves of primates. *American Journal of Physical Anthropology* 7: 401-424.

Schultz, A. H. 1969. *The Life of Primates*. New York: Universe Books.

Stoller, M. K. 1996. *The Obstetric Pelvis and Mechanism of Labor in Nonhuman Primates*. PhD dissertation, University of Chicago, Chicago.

Sze, E. H. M., et al. 1999. Computed tomography comparison of bony pelvis dimensions between women with and without genital prolapse. *Obstetrics & Gynecology* 93: 229-232.

Tague, R. G. 2005. Big-bodied males help us recognize that females have big pelves. *American Journal of Physical Anthropology* 127: 392-405.

Tague, R. G. & Lovejoy, C. O. 1986. The obstetric pelvis of A. L. 288-1 (Lucy). *Journal of Human Evolution* 15: 237-255.

Trevathan, W. R. 2015. Primate pelvic anatomy and implications for birth. *Philosophical Transactions of the Royal Society B: Biological Sciences* 370: 20140065

Trevathan, W. R. 2017. *Human Birth: An Evolutionary Perspective*. New York: Routledge.

Walker, A. & Ruff, C. B. 1993. The reconstruction of the pelvis. In A. Walker & R. Leakey (eds.), *The Nariokotome Homo Erectus Skeleton*. Springer, pp. 221-233.

Warrener, A. G., et al. 2015. A wider pelvis does not increase locomotor cost in humans, with implications for the evolution of childbirth. *PLOS One* 10: e0118903.

Washburn, S. L. 1960. Tools and human evolution. *Scientific American* 203: 62-75.

Zaffarini, E. & Mitteroecker, P. 2019. Secular changes in body height predict global rates of caesarean section. *Proceedings of the Royal Society B: Biological Sciences* 286: 20182425.

Zollikofer, C. P. E., et al. 2017. Development of pelvic sexual dimorphism in Hylobatids: Testing the obstetric constraints hypothesis. *The Anatomical Record* 300: 859-869.

■第8章

長谷川寿一・長谷川眞理子・大槻久　2022『進化と人間行動　第2版』東京大学出版会。

松本卓也　2023「霊長類における離乳過程の種間比較――ヒトの『離乳時期の早期化』への洞察」『霊長類研究』39：85-96。

松本卓也　2025「「生き方」を捉えるものさし――ヒトとチンパンジーの生活史の種間比較を目指して」河合文・川添達朗・谷口晴香編『フィールドにみえた〈社会性のゆらぎ〉――霊長類学と人類学の出会いから』京都大学学術出版会。

山極寿一　2012『家族進化論』東京大学出版会。

Bogin, B. 1999. *Patterns of Human Growth*, 2nd ed. Cambridge: Cambridge University Press.

Crittenden A. N., et al. 2013. Juvenile foraging among the Hadza: Implications for human life history. *Evolution and Human Behavior* 34: 299-304.

Ellis, S., et al. 2018. Analyses of ovarian activity reveal repeated evolution of post-reproductive lifespans in toothed whales. *Scientific Reports* 8: 12833.

Hawkes, K., et al. 1997. Hadza women's time allocation, offspring provisioning, and the evolution of long postmenopausal life spans. *Current Anthropology* 38: 551-577.

Hawkes, K., et al. 1998. Grandmothering, menopause, and the evolution of human life histories. *Proceedings of the National Academy of Sciences* 95: 1336-1339.

Humphrey, L. T. 2010 Weaning behaviour in human evolution. *Seminars in Cell & Developmental Biology* 21: 453-461.

Jaeggi, A. V. & van Schaik, C. P. 2011. The evolution of food sharing in primates. *Behavioral Ecology and Sociobiology* 65: 2125.

Lahdenperä, M., et al. 2004. Fitness benefits of prolonged post-reproductive lifespan in women. *Nature* 428: 178-181.

Maestripieri, D. & Roney, J. R. 2006. Evolutionary developmental psychology: Contributions from comparative research with nonhuman primates. *Developmental Review* 26: 120-137.

Matsumoto, T., et al. 2021. Female chimpanzees giving first birth in their natal group in Mahale: Attention to incest between brothers and sisters. *Primates* 62: 279-287.

Nakagawa, N., et al. 2003. Life-history parameters of a wild group of West African patas monkeys (*Erythrocebus patas patas*). *Primates* 44: 281-290.

Nishida, T. & Turner, L. A. 1996. Food transfer between mother and infant chimpanzees of the Mahale Mountains National Park, Tanzania. *International Journal of Primatology* 17: 947-968.

Smith, B. H. 1992. Life history and the evolution of human maturation. *Evolutionary Anthropology* 1: 134-142.

Trivers, R. L. 1974. Parent-offspring conflict. *American Zoologist* 14: 249-264.

■第9章

久世濃子　2018『オランウータン——森の鉄人は子育ての達人』東京大学出版会。

グドール，J　1990『野生チンパンジーの世界　新装版』ミネルヴァ書房。

坂巻哲也　2021『隣のボノボ』京都大学学術出版会。

豊田有　2023『白黒つけないベニガオザル』京都大学学術出版会。

山極寿一　2015『ゴリラ　第2版』東京大学出版会。

Alberts, S. C. 2019 Social influences on survival and reproduction: Insights from a long-term study of wild baboons. *Journal of Animal Ecology* 88: 47-66.

Grueter, C. C., et al. 2012. Evolution of multilevel social systems in nonhuman primates and humans. *International Journal of Primatology* 33: 1002-1037.

Kappeler, P. M., et al. 2022. The island of female power? Intersexual dominance relationships in the lemurs of Madagascar. *Frontiers in Ecology and Evolution* 10: 858859.

Matsumura, S. 1999. The evolution of "egalitarian" and "despotic" social systems among macaques. *Primates* 40: 23-31.

Tan, J., et al. 2017. Bonobos respond prosocially toward members of other groups. *Scientific Reports* 7: 14733.

Tokuyama, N. & Furuichi, T. 2016. Do friends help each other? Patterns of female coalition formation in wild bonobos at Wamba. *Animal Behaviour* 119: 27-35.

■第10章

警察庁　2023『令和4年の刑法犯に関する統計資料』https://www.npa.go.jp/toukei/seianki/R04/r4keihouhantoukeisiryou.pdf（2024年5月15日閲覧）。

サポルスキー，R・M　2023『善と悪の生物学』大田直子訳，NHK出版。

ドゥ・ヴァール，F　1993『仲直り戦術』西田利貞・榎本知郎訳，どうぶつ社。

ハラリ，Y・N　2016『サピエンス全史』柴田裕之訳，河出書房新社。

ピンカー，S　2015『暴力の人類史』幾島幸子・塩原通緒訳，青土社。
法務総合研究所　2013「無差別殺傷事犯に関する研究」『研究部報告』50，https://www.moj.go.jp/housouken/housouken03_00068.html（2024年5月15日閲覧）。
山極寿一　2007『暴力はどこからきたか』NHK出版。
ランガム，R　2020『善と悪のパラドックス』依田卓巳訳，NTT出版。
ランガム，R & ピーターソン，D　1998『男の凶暴性はどこからきたか』山下篤子訳，三田出版会。
Kissel, M. & Kim, N. C. 2019. The emergence of human warfare: Current perspectives. *American Journal of Physical Anthropology* 168: 141-163.
UNODC *Global Study on Homicide*. https://www.unodc.org/（2024年5月15日閲覧）
Wilson, M. L., et al. 2014. Lethal aggression in *Pan* is better explained by adaptive strategies than human impacts. *Nature* 513: 414-417.

■第11章

木村賛・岡田守彦・石田英實　1975「足底力からみた霊長類の二足歩行」『バイオメカニズム』3：219-226。
Almécija, S., et al. 2021. Fossil apes and human evolution. *Science* 372: eabb4363.
Böhme, M., et al. 2019. A new Miocene ape and locomotion in the ancestor of great apes and humans. *Nature* 575: 489-493.
Bramble, D. M. & Lieberman, D. E. 2004. Endurance running and the evolution of *Homo*. *Nature* 432: 345-352.
Brunet, M., et al. 2002. A new hominid from the Upper Miocene of Chad, central Africa. *Nature* 418: 145-151.
Cavagna, G. A., et al. 1977. Mechanical work in terrestrial locomotion: Two basic mechanisms for minimizing energy expenditure. *American Journal of Physiology* 233: R243-261.
Crompton, R. H., et al. 2012. Human-like external function of the foot, and fully upright gait, confirmed in the 3. 66 million year old Laetoli hominin footprints by topographic statistics, experimental footprint-formation and computer simulation. *Journal of the Royal Society Interface* 9: 707-719.
Duveau, J., et al. 2019. The composition of a Neandertal social group revealed by the hominin footprints at Le Rozel (Normandy, France). *Proceedings of the National Academy of Sciences* 116: 19409-19414.
Full, R. J. & Tu, M. S. 1991. Mechanics of a rapid running insect: Two-, four-and six-legged locomotion. *Journal of Experimental Biology* 156: 215-231.
Goto, R., et al. 2023. Diagonal-couplet gaits on discontinuous supports in Japanese ma-

caques and implications for the adaptive significance of the diagonal-sequence, diagonal-couplet gait of primates. *American Journal of Biological Anthropology* 181: 426-439.

Ishida, H., et al. 1974. Patterns of bipedal walking in anthropoid primates. *Proceedings of the 5th Congress of the International Primatological Society, Tokyo, 1974.*

Ivanenko, Y. P., et al. 2013. Changes in the spinal segmental motor output for stepping during development from infant to adult. *The Journal of Neuroscience* 33: 3025-3036.

Leakey, M. D. & Hay, R. L. 1979. Pliocene footprints in the Laetolil beds at Laetoli, northern Tanzania. *Nature* 278: 317-323.

Lieberman, D. E., et al. 2006. The human gluteus maximus and its role in running. *Journal of Experimental Biology* 209: 2143-2155.

Lovejoy, C. O. 1981. The origin of man. *Science* 211: 341-350.

Lovejoy, C. O. 2005. The natural history of human gait and posture Part 2. Hip and thigh. *Gait & Posture* 21: 113-124.

Lovejoy, C. O. 2009. Reexamining human origins in light of *Ardipithecus ramidus*. *Science* 326: 74e71-78.

Lovejoy, C. O., et al. 2009a. Combining prehension and propulsion: The foot of *Ardipithecus ramidus*. *Science* 326: 72.

Lovejoy, C. O., et al. 2009b. Careful climbing in the Miocene: The forelimbs of *Ardipithecus ramidus* and humans are primitive. *Science* 326: 70.

Lovejoy, C. O., et al. 2009c. The great divides: *Ardipithecus ramidus* reveals the postcrania of our last common ancestors with African apes. *Science* 326: 100-106.

Lovejoy, C. O., et al. 2009d. The pelvis and femur of *Ardipithecus ramidus*: The emergence of upright walking. *Science* 326: 71.

Nakatsukasa, M., et al. 2004. Energetic costs of bipedal and quadrupedal walking in Japanese macaques. *American Journal of Physical Anthropology* 124: 248-256.

Parsons, P. E. & Taylor, C. R. 1977. Energetics of brachiation versus walking: A comparison of a suspended and an inverted pendulum mechanism. *Physiological Zoology* 50: 182-188.

Pickering, T. R. & Bunn, H. T. 2007. The endurance running hypothesis and hunting and scavenging in savanna-woodlands. *Journal of Human Evolution* 53: 434-438.

Pickford, M., et al. 2002. Bipedalism in *Orrorin tugenensis* revealed by its femora. *Comptes Rendus Palevol* 1: 191-203.

Reynolds, T. R. 1985. Mechanics of increased support of weight by the hindlimbs in primates. *American Journal of Physical Anthropology* 67: 335-349.

Rubenson, J., et al. 2007. Reappraisal of the comparative cost of human locomotion using gait-specific allometric analyses. *Journal of Experimental Biology* 210: 3513-3524.

Sockol, M. D., et al. 2007. Chimpanzee locomotor energetics and the origin of human bipedalism. *Proceedings of the National Academy of Sciences* 104: 12265-12269.

Suwa, G., et al. 2021. Canine sexual dimorphism in *Ardipithecus ramidus* was nearly human-like. *Proceedings of the National Academy of Sciences* 118: e2116630118.

Tardieu, C. 2010. Development of the human hind limb and its importance for the evolution of bipedalism. *Evolutionary Anthropology* 19: 174-186.

Wall-Scheffler, C. M., et al. 2010. Electromyography activity across gait and incline: The impact of muscular activity on human morphology. *American Journal of Physical Anthropology* 143: 601-611.

Whitcome, K. K., et al. 2007. Fetal load and the evolution of lumbar lordosis in bipedal hominins. *Nature* 450: 1075-1078.

White, T. D., et al. 2009. *Ardipithecus ramidus* and the paleobiology of early hominids. *Science* 326: 75-86.

Williams, S. A., et al. 2020. Reevaluating bipedalism in *Danuvius*. *Nature* 586: E1-E3.

Zollikofer, C. P. E., et al. 2005. Virtual cranial reconstruction of *Sahelanthropus tchadensis*. *Nature* 434: 755-759.

■第12章

板倉昭二　1999『自己の起源――比較認知科学からのアプローチ』金子書房。

ダンバー，R　2011『友達の数は何人？――ダンバー数とつながりの進化心理学』藤井留美訳，インターシフト。

ダンバー，R　2016『人類進化の謎を解き明かす』鍛原多恵子訳，インターシフト。

ドゥ・ヴァール，F　1994『政治をするサル――チンパンジーの権力と性』西田利貞訳，平凡社。

バーン，R　1998『考えるサル――知能の進化論』小山高正・伊藤紀子訳，大月書店。

バーン，R & ホワイトゥン，A 編　2004『マキャベリ的知性と心の理論の進化論――ヒトはなぜ賢くなったか』藤田和生・山下博志・友永雅己監訳，ナカニシヤ出版。

ファウツ，R & ミルズ，S・T　2000『限りなく人類に近い隣人が教えてくれたこと』高崎浩幸・高崎和美訳，角川書店。

藤義博・高畑雅一　2000『脳と行動の生物学』講談社。

藤田和生　1998『比較認知科学への招待――こころの進化学』ナカニシヤ出版。

プレマック，A & プレマック，D　2005『心の発生と進化――チンパンジー，赤ちゃん，ヒト』鈴木光太郎訳，新曜社。

ホワイトゥン，A & バーン，R 編　2004『マキャベリ的知性と心の理論の進化論 2　新たなる展開』友永雅己・小田亮・平田聡・藤田和生監訳，ナカニシヤ出版。

松沢哲郎　2008『チンパンジーから見た世界　新装版』東京大学出版会。

ランバウ，S・S　1992『チンパンジーの言語研究――シンボルの成立とコミュニケーション』小島哲也訳，ミネルヴァ書房。

Aiello, L. C. & Wheeler, P. 1995. The expensive-tissue hypothesis: The brain and the digestive system in human and primate evolution. *Current Anthropology* 36: 199-221.

Boddy, A. M., et al. 2012. Comparative analysis of encephalization in mammals reveals relaxed constraints on anthropoid primate and cetacean brain scaling. *Journal of Evolutionary Biology* 25: 981-994.

Dunbar, R. I. 1992. Neocortex size as a constraint on group size in primates. *Journal of Human Evolution* 22: 469-493.

Gallup Jr., G. G. 1970. Chimpanzees: Self-recognition. *Science* 167: 86-87.

Gardner, R. A. & Gardner, B. T. 1969. Teaching sing language to a chimpanzee. *Science* 165: 664-672.

Jerison, H. J. 1973. *Evolution of the Brain and Intelligence*. New York: Academic Press.

Martin, R. D. 1990. *Primate Origins and Evolution*. London: Chapman and Hall.

Rumbaugh, D. M. & Pate, J. L. 1984. The evolution of cognition in primates: A comparative perspective. In H. L. Roitblat, et al.（eds.）, *Animal Cognition*. Hillsdale, NJ: Lawrence Erlbaum Associates, pp. 569-587.

Wechsler, D. 1944. *The Measurement of Adult Intelligence, 3rd ed.* Baltimore: Williams & Wilkins.

■第13章

小嶋祥三　1988「チンパンジーの聴覚，音声知覚，発声――ヒトの音声言語の起源を求めて」『霊長類研究』4：44-65。

ダンバー，R　2016『ことばの起源』松浦俊輔・服部清美訳，青土社。

西村剛　2010「話しことばの生物学的基盤」長谷川寿一編『シリーズ朝倉　言語の可能性 4　言語と生物学』朝倉書店，70-96頁。

西村剛　2021「サルとワニのヘリウム音声研究」『霊長類研究』37：47-52。

西村剛　2023「発声器官の進化と機能」『音声言語医学』64：165-171。

ミズン，S　2006『歌うネアンデルタール』熊谷淳子訳，早川書房。

皆川泰代・星野英一・徐鳴鏑　2023「乳幼児期における音声の特異性，情動性，相互性」『日本音響学会誌』79：49-56。

ラファエル，L・J 他　2008『新ことばの科学入門』廣瀬肇訳，医学書院。

Enard, W., et al. 2002. Molecular evolution of *FOXP2*, a gene involved in speech and language. *Nature* 418: 869-872.

Fitch, W. T. & Hauser, M. D. 2004. Computational constraints on syntactic processing in a nonhuman primate. *Science* 303: 377-380.

Fitch, W. T. et al. 2016 Monkey vocal tracts are speech-ready. *Science Advances* 2: e1600723.

Hammerschmidt, K., et al. 2001. Vocal development in squirrel monkeys. *Behaviour* 138: 1179-1204.

Hauser, M. D., et al. 2002. The faculty of language: What is it, who has it, and how did it evolve? *Science* 298: 1569-1579.

Hayes, K. J. & Hayes, C. 1951. The intellectual development of a home-raised chimpanzee. *Proceedings of the American Philosophical Society* 95: 105-109.

Krause J., et al. 2007. The derived *FOXP2* variant of modern humans was shared with Neandertals. *Current Biology* 17: 1908-1912.

Lieberman, P. H. & Crelin, E. S. 1971. On the speech of Neanderthal man. *Linguistic Inquiry* 2: 203-222.

Lieberman, P. H., et al. 1969. Vocal tract limitations on the vowel repertoires of rhesus monkey and other nonhuman primates. *Science* 164: 1185-1187.

Nishimura, T., et al. 2022. Evolutionary loss of complexity in human vocal anatomy as an adaptation for speech. *Science* 377: 760-763.

Ouattara, K., et al. 2009. Campbell's monkeys concatenate vocalizations into context-specific call sequences. *Proceedings of the National Academy of Sciences* 106: 22026-22031.

Schreiweis, C., et al. 2014. Humanized Foxp2 accelerates learning by enhancing transitions from declarative to procedural performance. *Proceedings of the National Academy of Sciences* 111: 14253-14258.

Seyfarth, R. M., et al. 1980. Monkey responses to three different alarm calls: Evidence of predator classification and semantic communication. *Science* 210: 801-803.

■第14章

伊沢紘生　2002「金華山のサル・新しい食物の開発――コブシ，ホウノキ，オニグルミ，タゴガエル」『宮城県のサル』13：1-11。

伊沢紘生　2004「金華山のサルの食物リスト　改訂版」『宮城県のサル』18：1-11。

伊沢紘生　2018「金華山のサルのオニグルミ採食方法」『宮城県のサル』31：57-71。

宇野壮春　2008「野生ニホンザル・オスグループのクルミ食いに関する研究」『霊長類研究所年報』38：98-99。

海部陽介　2005『人類がたどってきた道――“文化の多様化”の起源を探る』NHKブックス。

中川尚史　1997「金華山のニホンザルの定量的食物品目リスト　付記：霊長類の食性調査法と記載法の傾向」『霊長類研究』13：73-89。

中川尚史　2015『“ふつう”のサルが語るヒトの起源と進化』ぷねうま舎。

中川尚史　2017「行動の伝播，伝承，変容と文化的地域変異」辻大和・中川尚史編『日

本のサル――哺乳類学としてのニホンザル研究』東京大学出版会，73-99頁。

中川尚史　2021「映像アーカイブを用いたニホンザルにおける稀にしか見られない行動に関するアンケート調査結果報告――個体群の文化的変異に焦点を当てて」『霊長類研究』37：17-34。

中村美知夫　2009「チンパンジーの文化」『霊長類研究』24：229-240。

半沢真帆　2020「屋久島の野生ニホンザルで観察されたオス間の尻つけ行動の初記載」『霊長類研究』36：33-39。

ヘンリック，J　2021『文化がヒトを進化させた』今西康子訳，白揚社。

松本直子　2013「考古学で探る心の進化」五百部裕・小田亮編『心と行動の進化を探る――人間行動進化学入門』朝倉書店，131-164頁。

明和政子　2004『なぜ「まね」をするのか』河出書房新社。

レイランド，K　2023『人間性の進化的起源』豊川航訳，勁草書房。

Adler, D. S., et al. 2014. Early Levallois technology and the Lower to Middle Paleolithic transition in the Southern Caucasus. *Science* 345: 1609-1613.

Alem, S., et al. 2016. Associative mechanisms allow for social learning and cultural transmission of string pulling in an insect. *PLOS Biology* 14: e1002564.

Allen, J. A. 2019. Community through culture: From insects to whales: How social learning and culture manifest across diverse animal communities. *Bioessays* 41: e1900060.

Badihi, G., et al. 2023. Dialects in leaf-clipping and other leaf-modifying gestures between neighbouring communities of East African chimpanzees. *Scientific Reports* 13: 147.

Bessa, J., et al. 2022. Inter-community behavioural variation confirmed through indirect methods in four neighbouring chimpanzee communities in Cantanhez NP, Guinea-Bissau. *Royal Socety Open Science* 9: 211518.

Boyd, R. & Richerson, P. J. 1988. *Culture and the Evolutionary Process*. Chicago: University of Chicago Press.

Danchin, E., et al. 2018. Cultural flies: Conformist social learning in fruitflies predicts long-lasting mate-choice traditions. *Science* 362: 1025-1030.

Falotico, T., et al. 2018. Stone tool use by wild capuchin monkeys (*Sapajus libidinosus*) at Serra das Confusoes National Park, Brazil. *Primates* 59: 385-394.

Harmand, S., et al. 2015. 3.3-million-year-old stone tools from Lomekwi 3, West Turkana, Kenya. *Nature* 521: 310-315.

Hobaiter, C., et al. 2014. Social network analysis shows direct evidence for social transmission of tool use in wild chimpanzees. *PLOS Biology* 12: e1001960.

Klump, B. C., et al. 2021. Innovation and geographic spread of a complex foraging culture in an urban parrot. *Science* 373: 456-460.

McNabb, J. & Cole, J. 2015. The mirror cracked: Symmetry and refinement in the Acheulean handaxe. *Journal of Archaeological Science Reports* 3: 100-111.

Nakamura, M. & Uehara, S. 2004. Proximate factors of different types of grooming hand-clasp in Mahale chimpanzees: Implications for chimpanzee social customs. *Current Anthropology* 45: 108-114.

O'Malley, R. C., et al. 2012. The apperance and spread of ant fishing among the Kasekela chimpanzees of Gombe: A possible case of intercommunity cultural transmission. *Current Anthropology* 53: 650-663.

Pascual-Garrido, A. 2019. Cultural variation between neighbouring communities of chimpanzees at Gombe, Tanzania. *Scieitific Reports* 9: 8260.

Robbins, M. M., et al. 2016. Behavioral variation in gorillas: Evidence of potential cultural traits. *PLOS One* 11: e0160483.

Semaw, S., et al. 1997. 2.5-million-year-old stone tools from Gona, Ethiopia. *Nature* 385: 333-336.

Tamura, M. 2020. Extractive foraging on hard-shelled walnuts and variation of feeding techniques in wild Japanese macaques (*Macaca fuscata*). *American Journal of Primatology* 82: e23130.

Tan, A. W. Y., et al. 2018. Young macaques (*Macaca fascicularis*) preferentially bias attention towards closer, older, and better tool users. *Animal Cognition* 21: 551-563.

Tomasello, M., et al. 1993. Cultural learning. *Behavioral and Brain Science* 16: 495-552.

Tylor, E. B. 1871. *Primitive Culture*. John Murray.

van Leeuwen, E. J. C. & Hoppitt, W. 2023. Biased cultural transmission of a social custom in chimpanzees. *Science Advances* 9: eade5675.

Whitehead, H. 2024. Sperm whale clans and human societies. *Royal Sociey Open Science* 11: 231353.

Whiten, A. 2017. A second inheritance system: The extension of biology through culture. *Interface Focus* 7: 20160142.

Whiten, A., et al. 1999. Cultures in chimpanzees. *Nature* 399: 682-685.

# 索　引

## あ行

## か行

## さ行

## た行

## な行



## は行

## ま行



## や行



## ら行



## わ行

■編者・執筆者紹介（執筆順，*編者）

*中村美知夫（なかむら みちお）
京都大学大学院理学研究科准教授。博士（理学）。専門は人類学。おもな著作に『「サル学」の系譜――人とチンパンジーの50年』（中公叢書，2015年），『チンパンジー――ことばのない彼らが語ること』（中公新書，2009年）など。

*森本直記（もりもと なおき）
京都大学大学院理学研究科准教授。博士（理学）。専門は自然人類学。おもな著作に "Pelvic shape change in adult Japanese macaques and implications for childbirth at old age"（*Proceedings of the National Academy of Sciences* 120, 2023），"Femoral ontogeny in humans and great apes and its implications for their last common ancestor"（*Scientific Reports* 8, 2018）など。

國松　豊（くにまつ ゆたか）
龍谷大学経営学部教授。博士（理学）。専門は自然人類学。おもな著作に "Loss of the subarcuate fossa and the phylogeny of *Nacholapithecus*"（*Journal of Human Evolution* 131, 2019），"A new Late Miocene great ape from Kenya and its implications for the origins of African great apes and humans"（*Proceedings of the National Academy of Science* 104, 2007）など。

中務真人（なかつかさ まさと）
京都大学大学院理学研究科教授。博士（理学）。専門は自然人類学。おもな著作に『化石が語るサルの進化・ヒトの誕生』（共著，丸善出版，2022年），『ヒトの科学 1 ヒトはどのようにしてつくられたか』（分担執筆，岩波書店，2007年）など。

日下宗一郎（くさか そういちろう）
東海大学人文学部准教授。博士（理学）。専門は自然人類学，同位体人類学。おもな著作に『何が歴史を動かしたのか 1 自然史と旧石器・縄文考古学』（分担執筆，雄山閣，2023年），『古人骨を測る――同位体人類学序説』（京都大学学術出版会，2018年）など。

森田　航（もりた わたる）
国立科学博物館人類研究部研究員。博士（理学）。専門は自然人類学（歯の人類学）。おもな著作に "Stripe and spot selection in cusp patterning of mammalian molar formation"（*Scientific Reports* 12, 2022），"Mapping molar shapes on signaling pathways"（*PLOS Computational Biology* 16, 2020）など。

田村大也（たむら まさや）
京都大学大学院理学研究科助教。博士（理学）。専門は霊長類行動生態学。おもな著作に "Hand preference in unimanual and bimanual coordinated tasks in wild western lowland gorillas（*Gorilla gorilla gorilla*）feeding on African ginger（Zingiberaceae）"（*American Journal of Physical Anthropology* 175, 2021），"Extractive foraging on hard-shelled walnuts and variation of feeding techniques in wild Japanese macaques（*Macaca fuscata*）"（*American Journal of Primatology* 82, 2020）など。

保坂和彦（ほさか かずひこ）
鎌倉女子大学児童学部教授。博士（理学）。専門は霊長類学，生物人類学，チンパンジー研究。おもな著作に *Mahale Chimpanzees: 50 Years of Research*（共編，Cambridge University Press, 2015），『マハレのチンパンジー——《パンスロポロジー》の37年』（分担執筆，京都大学学術出版会，2002年）など。

川田美風（かわだ みかぜ）
京都大学大学院理学研究科助教。博士（理学）。専門は自然人類学。おもな著作に "Human shoulder development is adapted to obstetrical constrains"（*Proceedings of the National Academy of Sciences* 119, 2022），"Covariation of fetal skull and maternal pelvis during the perinatal period in rhesus macaques and evolution of childbirth in primates"（*Proceedings of the National Academy of Sciences* 117, 2020）など。

松本卓也（まつもと たくや）
信州大学理学部助教。博士（理学）。専門は霊長類学，人類学。おもな著作に『生態人類学は挑む SESSION 3 病む・癒す』（分担執筆，京都大学学術出版会，2021年），"Female chimpanzees giving first birth in their natal group in Mahale: Attention to incest between brothers and sisters"（*Primates* 62, 2021）など。

徳山奈帆子（とくやま なほこ）
中央大学理工学部准教授。博士（理学）。専門は霊長類学，行動生態学。おもな著作に "Inter-group aggressive interaction patterns indicate male mate defense and female cooperation across bonobo groups at Wamba, Democratic Republic of the Congo"（*American Journal of Physical Anthropology* 170, 2019），"Do friends help each other? Patterns of female coalition formation in wild bonobos at Wamba"（*Animal Behaviour* 119, 2016）など。

平崎鋭矢（ひさらき えいし）
京都大学ヒト行動進化研究センター准教授。博士（人間科学）。専門は生物人類学。おもな著作に「サルのロコモーションを調べる」（『バイオメカニズム』28，2004年）など。

平田　聡（ひらた さとし）
京都大学野生動物研究センター教授。博士（理学）。専門は比較認知科学。おもな著作に『時間はなぜあるのか？——チンパンジー学者と言語学者の探検』（共著，ミネルヴァ書房，2022年），『仲間とかかわる心の進化——チンパンジーの社会的知性』（岩波書店，2013年）など。

西村　剛（にしむら たけし）
大阪大学大学院人間科学研究科教授。博士（理学）。専門は生物人類学。おもな著作に "Evolutionary loss of complexity in human vocal anatomy as an adaptation for speech"（*Science* 377, 2022），『言語の可能性 4 言語と生物学』（分担執筆，朝倉書店，2010年）など。

中川尚史（なかがわ なおふみ）
京都大学大学院理学研究科教授。博士（理学）。専門は霊長類学。おもな著作に『野生動物の行動観察法——実践　日本の哺乳類学』（共著，東京大学出版会，2013年），*The Japanese Macaques*（共編，Springer-Tokyo, 2010），『サルの食卓——採食生態学入門』（平凡社，1994年）など。

3STEP シリーズ 8　自然人類学

2025 年 4 月 30 日　初版第 1 刷発行

編　者　中村美知夫
森本直記

発行者　杉田啓三

〒 607-8494　京都市山科区日ノ岡堤谷町 3-1
発行所　株式会社　昭和堂
TEL（075）502-7500 ／ FAX（075）502-7501
ホームページ　http://www.showado-kyoto.jp



印刷　亜細亜印刷

ISBN978-4-8122-2414-4

＊乱丁・落丁本はお取り替えいたします。

Printed in Japan